私家果园

艾美乐 · 罗伯特 著　杨晓娇 译

米歇尔 · 罗贝　艾丽娅朵 插图

湖北科学技术出版社

开发自己的果园

不要心血来潮随心所欲的购买果树。如果不考虑一些必要的参数，结果将会使你很失望。

气 候

果园的成败取决于果树需要遵从的气候条件。当在选择果园的场地和果树品种时，需要考虑果园的植物生长期。根据气候，这个生长期从秋季或冬季的第一次大型霜冻到春季的最后一次霜冻为止。同时也要考虑植物生长期内的平均气温。冬季的提前到来，对于晚熟品种不会有太大影响。太温暖的气候对于在寒冬结果的品种，如苹果树和梨子树来说不是好的时节。最简单的方法是直接从当地的苗圃购买果树：这样买来的果树肯定能适应果园的气候。

对于山地气候（海拔高于 800 米），要选择耐寒性较好的品种，例如苹果树有“苹果王、加拿大苹果、克龙谢尔透明苹果”，梨子树有“花盖梨、山梨，威廉姆斯基督梨”等。对于畏寒的品种应在朝向的正南面建一堵防护墙予以保护。

嫁 接

嫁接在果园里是必不可少的，它将砧木和接穗（选择出的水果品种）的特点很好地结合起来。适应性较好的砧木可以改善水果的品质，增加果树的开花数量，提高果树抵抗病虫害的能力。同时，这也关系到果树的成长与健康，进而影响果树的寿命。它提前了果树第一次结果的时间，并且能使果树适应几乎所有的土壤和气候。

与自然播种的果树相比，嫁接后的果树拥有更多的优势。自然播种的果树在经过几年漫长的等待后，初次结出的果实依然是稀少且令人失望的。如，杏树嫁接在由种子萌发出的树上（自然播种的杏树）之后，能适应干燥和坚硬的土壤，但是结果较慢，而嫁接在能适应所有土壤环境的李树和榄仁树上后，反而与小花园更搭配，并且结果较快。

裸子植物还是抱子植物？

从 11 月份到次年 3 月份，当果树活力减弱的时候，苗圃工人会拔出果树，将其根剪短后再埋入沙土坑里。当大部分果实掉落的时候，就是移植果树的最佳时节。越来越多的园林工作者会组织一些名副其实的农博会或品种选择博览会，好好利用这些资源。裸子植物的砧木没有抱子植物的那么复杂。选择一个枝叶均衡，没有刮痕的砧木即可。根部要有侧根毛，并且嫁接点能很好地结合在一起，突显出砧木和接穗较强的黏附力。即使打算在冬末的时候种植果树，也要在初冬时买好树苗，因为这个时候才是供求最旺的时候。在屋子的北面挖一个基坑以防止突然的融冰。用泥土和沙子混合的土壤来埋根。

选择何种形态?

果树通常会呈现出不同的形态,这些形态有些让人无从选择……如何决定果树的形态,这要根据果园的大小、风格和你能付出的维护时间来决定。

嫩枝(①):一年的幼苗由唯一的一个茎干组成,底部没有嫁接的分枝,这样的分枝可以以最小的成本实现自身的多样化形态,五六年的树有一个高大的茎干,但是 2 年的树可能就只是呈一个简单的"U"形。

高杆树(②):自然形态的树,树干(所有的果树)高 1.6~2 米,对于棚架树来说这是一个理想的形态。这类树的树阴很适合天气好的时候进行室外休息和野餐。在品种方面,苹果树最合适,因为它有着自然生长的浓密的枝叶和较晚的结果期。优势:无需修剪,树内水分、营养的流通性好,存活时间长,适合于较大的空间种植。果实的着生位置无需修剪。种植间距:6~8 米。种植 5~6 年就可以收获果实。

中高杆树(③):自然形态的树,树干(樱桃树、桃树、李树)高 1.1~1.5 米。种植间距:4~7 米。5~6 年即可收获果实。优势:采摘方便,果实的着生位置无需修剪，适合在较大空间里种植。

矮杆树（④）：从接近地面部位开始分枝，树干（苹果树、梨子树、榛树）高 0.4~0.8 米。种植间距：3~4 米。这些品种果实采摘容易，适合小花园种植。

④

广口杯状果树和纺锤状果树：生长 2~3 年的茎干在市场上很少见，只能自己培育或去苗圃购买。这种果树结构紧凑、树干低矮、占用空间小。因此，较易于维护和采摘，只需稍作修剪。

广口杯状果树（⑤）：这种树（樱桃树、桃树、梨树和苹果树）有着几十条结实的分枝，中间没有主干，呈喇叭口状，底部像玻璃杯。种植间距：3 米。

⑤

纺锤状果树（⑥）：中间有主干，周围生长着分布均匀的结实的分枝。种植间距：2 米。

低矮形态：小型的果树高 1.5~2 米。种植间距：1.5 米。适合于袖珍型小花园或平台和阳台的池形花园。

柱状形态：结果的小枝丫都特别的短，并且沿着主干分布（苹果树和梨子树）。种植间距：1~1.5 米。需要修剪以使它结出的果实分布均匀。

⑥

由茎干开始形成单杆型树木

选择较老的砧木

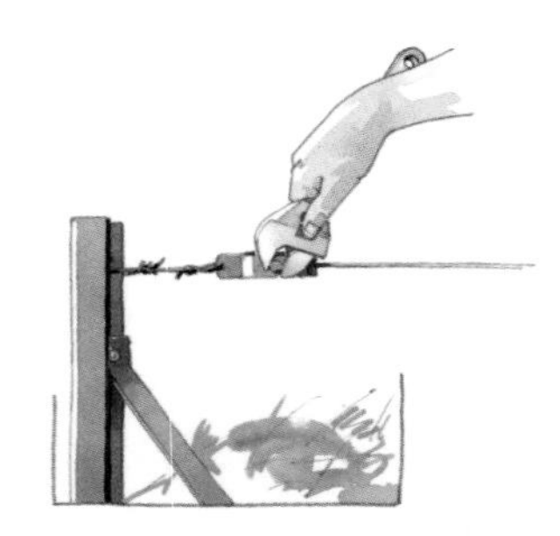

安置两个间隔2米的小木桩(用混凝土事先固定底部),然后在距离地面60厘米处安置一根铁丝。

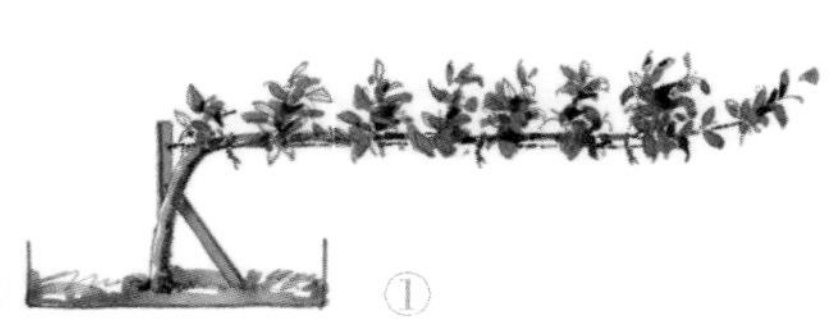

①

让茎干靠着木桩,然后顺着水平方向的铁丝倾斜(为了防止枝干断裂,霜冻期除外),使枝干呈大弧度的弯曲状,而不是直角。每隔20厘米用柔软的柳条进行捆扎固定。为了巩固这个造型,要将茎干缩短至20厘米。

绑缚形态的基本原则

这类形态的果树都是按照特定的规划修剪而成的。它们被固定在一根或几根系在墙上(绳梯)的铁丝上,或者固定在两个位于过道的木桩上(非绳梯)。将这种非绳梯沿着南北方向安置,这样可以使树的两面都能接受到光照。因为尺寸体积小,这种形态的果树很适合于小花园种植。这些绑缚形态能有效而美观地利用墙壁来保护畏寒的树种,使其存活20~30年。但在冬季和盛夏时需要修剪。

水平单杆型(①)降低了的分枝树冠距离地面40~60厘米,并且弯曲成类似直角状。种植距离:2~3米。特别是柔韧度较好的苹果树。结果:2~3年。也存在有2个单独枝干的单杆型树,其他的都是由一个主干形成的。种植间距:4~5米。
详见"由茎干开始形成单杆型树木"方法,本页左侧。

简易"U"型(②):30厘米高的树干分开形成两个30厘米高且活力均等的结实分枝。种植间距:0.7~1米。结果:至少2年。

双"U"型(③):主干一分为二,然后每个分枝再一分为二形成两个U形。4个树枝是平行的,高度为30厘米。种植间距:1.5米。结果:3年。

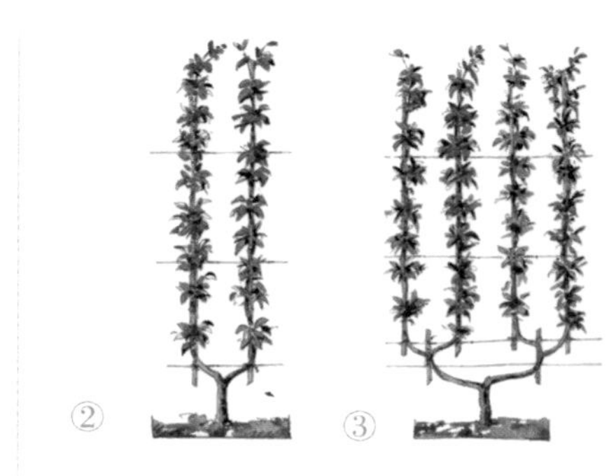

玻璃杯状分叉型(④):结实的分枝形成两个交叠的"U"形(梨树和苹果树)。分枝高30厘米。种植间距:1.5~2米。

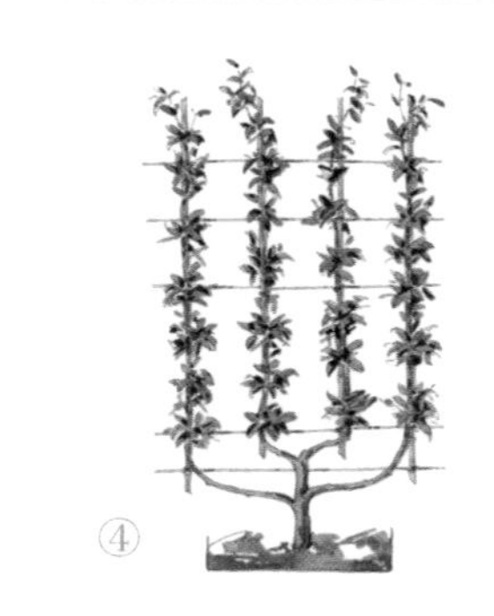

斜叉型(⑤):分枝在树干的每个侧边被斜着捆扎。高度不要超过2米。种植间距:2~3米。砧木要稍微健壮点的。维护和修剪都十分容易(桃树、梨树和苹果树)。

折扇型(⑥):树干分为4个或6个分枝,将分枝随意的捆绑一下(杏树、桃树、梨树、苹果树、无花果树)。种植间距:2~3米。砧木要略微健壮点的。

拯救古老品种果树!

在19世纪,统计出的苹果树品种有5000多种。如今,这些品种都已大大减少。这些美味的水果应该被保留下来。因此为了能拯救这些古老的树种,出现了许多水果爱好者组织(如苹果爱好者组织),他们使得这些品种被人们发现,并且还围绕果树的修剪、嫁接和维护而组织了培训日。

授粉的关键

经常会听到园艺师感叹果树很健壮，花开的也很多,但就是结出的果实很少。这种情况可能有以下几个原因:气候影响了花粉的传授(例如霜冻、过多的雨水),或传授花粉的昆虫没有如期到来(安置一个蜂窝吧),也有可能是寄生虫摧毁了花朵。然而最终,最常见的原因是你选择了能开花却不能结果的品种,这时便需要同一个品种的授粉作用较好的树来进行交叉授粉。苹果树、梨子树、樱桃树、榛树、猕猴桃树和葡萄树的很多品种都以自花不孕性而出名。可以注意下邻居家的花园:他们的果树花粉可能可以为你的果树授粉,这样便可避免买两个砧木。

授粉作用最好的是:巴旦杏树(试管红光一号)、樱桃树(先锋)、苹果树(洛川苹果)、梨树(鄂梨二号)、李树(玉皇李)以及榛树(欧洲榛)。将起授粉作用的果树种植在主导风向的上风向。

技术诀窍

种植、灌溉、施肥、修剪、照料和采摘……你有如此多的重要环节需要学习，以确保果树的健壮和果园的健康。

种植

在果园中，“种植”是培育所有植物的基本技能。

何时种植？

从 11 月份到次年 3 月份，是种植果树的最佳时节，因为这符合植物的生长周期，并且可以避开霜冻期，下雪和地面泥泞的时候。考虑下自己花园土壤的特质：如果土壤含沙，排水较好，便可在初冬种植；如果是厚重的黏土，可在冬末种植。等到冬末种植那些畏寒的品种，如猕猴桃、无花果和葡萄，这些可以到 4 月底再种植。夏季，那些初冬种植的品种连续灌溉的频率应高于冬末种植的品种。

如何种植？

关键在于事先分析土壤的特质，以通过适当的土壤改良方法来改善其营养缺乏或富营养化状态。特别是通过分析土壤特质来选择种植那些适应其特质的品种。

在哪里种植？

果树应该要有一个不受约束的场地以实现空气的自由流通，并使枝叶的每个面都能受到光照。预先估算好果树、灌木和藤蔓将要占用的空间。

①

②

③

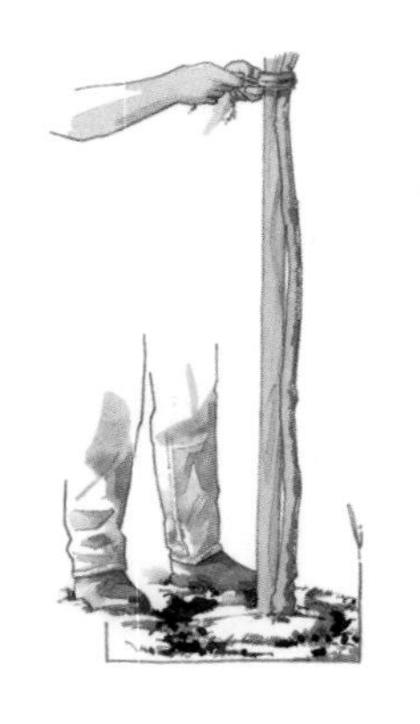

④

种植裸子植物类型的果树

❶挖一个至少比果树根系大两倍的坑（在栽植果树前几天或前几周就要挖好）。视情况用棍子对坑的底部泥土进行松土。在坑里掺入两桶熟化肥和两把牛角肥。如有必要，安置一个坚固的木桩（果树）作为树苗的支撑（针对砧木高度超过1.5米的果树）。将木桩固定在避风处。

❷重新修剪果树的根部末端，如同修剪那些受损的根部一样。修剪后进行蘸根（用添加了牛粪的稀泥或添加了生根激素的土粪）。

❸在树干底部填一堆培土，然后将树根梳理好放在培土上。在坑上放一根横着的木棍将会帮你估算出填土的深度。事实上，有着接穗点并且在树干底部呈环形的根颈（位于树干和树根中间的部位）不应该用土埋起来。树根种植得太深会导致树的腐烂。

❹填土时，用脚将周围埋土轻轻地踩紧以稳定树苗。大量的浇水能使根周围的土壤更紧实，并且可以稳固树苗。在根周围挖一个凹槽来收集雨水。待日后泥土紧了，将树干固定到支柱上去，注意不要损伤了树皮。

灌溉

种植果树后的前两年是果树生长的关键时期。按季节每周给砧木浇水。在干旱的季节就以平时两倍的频率来浇水。定期松土以便于空气和水分的流通，并定期除掉野草。

在树根周围用稻草进行覆盖。将事先晒干的草皮铺在土壤上以防止氮气的完全发酵（两天的光照足以将草皮晒干）。一个大约 12 厘米的苗床可以减少水分的蒸发和热量过多导致的树苗烧坏。秋季时增加稻草的覆盖量，并且将稻草覆盖在堆肥上。

施肥

施肥的数量和频率要根据不同的果树品种决定。尽量选择那些较天然的肥料。春季时，在幼苗上喷洒几次稀释到 5%的粪水以促进幼苗的生长。叶肥是极好的天然肥料，但是很少有人知道。将矿物质肥料或有机肥埋在树根可以吸收的地方：根颈处而非根的末端。注意：如果过量的施肥，果树结出来的果实味道会差很多。在天气好的时候对种植在坑里面的砧木进行有规律地施肥，经常浇水可以很快地冲洗培植基上的矿物质。用杆状体让肥料慢慢地得到释放，这样可以使养分在几个月内慢慢地扩散开来。

自己修剪！

为了学习一些好的修剪方法，最好的方式是亲自去参加一些园艺组织的培训交流活动。一切都值得尝试和实践！

修剪的艺术不是一门精准的学科，要具体问题具体分析，实践最重要。

修剪

修剪的目的有很多：形成幼苗；限制成苗枝叶的无限扩散；集中树液或让它分散到树芽中去；让老化的砧木重新恢复生机。

每年的修剪

定向的树和任意形态的树每年都要对果枝进行修剪以促使其结果，这个修剪时间是在树木停止生长的时候（12 月份到次年 3 月份），目的是为了控制主要枝丫的生长和次枝（结果母枝）的形态（这些修剪好的短枝丫是为了让树汁在此集中）。与其他季节修剪树枝相比，冬季修剪效果会更好。在夏季果树快速生长的时候进行修剪有利于将树汁集中到结果母枝的根部，并且可以使短果枝群成为可以结果的花蕾。修剪好的枝丫长长了以后，要再修剪其嫩芽，留下 5~6 片叶子就好。能结果的短果枝修剪后留下 3 片树叶即可。

每 5 年修剪一次

高杆树和中高杆树只需要每 4~5 年在初冬时进行一次简单的修剪，不要过多的修剪，这是为了防止细枝生长成小树干从而避免使其损害花蕾的形成。这种修剪可以刺激树木自身重新焕发活力。这表现为枯死、生命力不旺盛的枝丫以及老化枝丫的减少。这些枝丫长不成主枝，堵塞了副花冠的生长。修剪经常是在分枝上进行的。将枝叶集中有利于空气的流通和阳光的照射。 一般嫩的、活力较强的枝丫上容易结出好的果实。不加修剪自由生长的果树枝叶里面都会有枯死的分枝，这将是病虫害滋生的地方。这些树结出的果实虽然很多但是都很小，这是由于枝叶过密而导致光照不好，从而缺乏叶绿素合成使果实得不到很好的养分供给所致。

不宜被修剪的树木

核果树（桃树除外）不宜被修剪，否则会导致树胶渗出从而造成果树死亡。如果在果树快速生长期进行修剪的话危害会减小一些。沿着主干去掉新生的小树枝，严重下垂的分枝以及虚弱的、奇形怪状的分枝，还有末端有很多分叉的分枝。然后用适合的胶合剂帮助修剪留下的伤口愈合。

需配备的工具：一把锋利的交叉剪用来修剪树冠和当风小分枝，一把修枝剪（长柄剪刀），一把可伸缩的高枝剪，一把小锯子，一架梯子，一把小截枝剪（用来无菌修剪），以及一个愈合剂。修剪工具每使用一次都要用酒精进行消毒。

不宜被修剪的树木

杏树、扁桃树、梨树、苹果树和李子树都有"大小年"现象：有些年份硕果累累接下来的一年却又收获颇微，这种隔年结果现象对于自然结果而又迎风的砧木来说更加明显。这是因为结果太多会妨碍一些短果枝群将来转变成蓓蕾，这样第二年开花就会比较少。此外，结果过多的果树会消耗土壤大部分的营养来保障果实的成熟，因此土壤在第二年就会缺乏营养。解决办法：结果过多时进行疏果。秋季对果实累累的砧木施肥，接下来在春季（3 月份和 6 月份）也要施肥。经常浇水使养分容易被树木吸收。

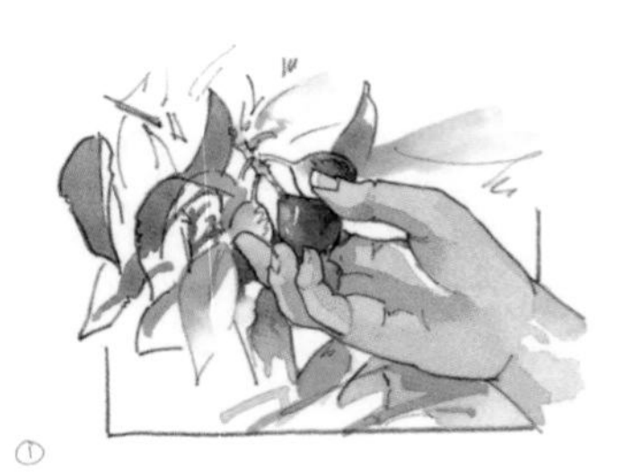
①

有用的黄蜂陷阱

如果想防止垂涎欲滴的黄蜂偷食果实，可以在果实成熟的前几天安置一个陷阱。装上半瓶果浆然后在晚上黄蜂咬不到你的时候进行安置。很快，你会发现那些黄蜂不是来享受成熟的果实的，而是来“游泳”的。

结果较大较多的果树应进行疏果

对于果实长得比较大又很多的果树，我们要动手进行疏果。只要其果实长到如核桃般大小的时候，也就是那些授粉不良的果子自然掉落之后，便是疏果的最佳时机。在果树种植后的前 5~6 年要常进行，等果树成熟后可自行疏果。

→ **梨树**（①）：每枝留下 2 个果实，那些果实较大的品种和晚熟品种只要保留一个果实即可。

→ **苹果树**：每枝保留一个果实，留下长势最好的那一个。

→ **桃树和杏树**：每根产果的枝上保留 6 个果实（每个果实间隔 7~8 厘米）。

照料

一棵健壮、种植环境好且浇水和施肥都很适当的果树表现为抗病虫害能力强。快速有效地识别出害虫或疾病可以很好地减少果树的损伤。

秋冬季节

→喷洒农药来抵抗各类病害(缩叶病、黑心病、霜霉病、白粉病等)。有两个关键的时期:树叶凋落的时候和出花苞的时候(2 月份)。

→在果树生长期开始之前,喷洒一些比较符合生态理念的白油隔绝空气,使一些越冬的寄生虫(卵虫、幼虫和躲在树皮下的成虫)窒息而死。冬季治虫有时并不能消灭那些藏在树皮下的寄生虫。用刷子刷一下树干和树枝来控制苔藓和地衣的生长,因为这些都是容易滋生寄生虫的地方。那些可再生的青苔可以将其烧掉。

→也可以将树干涂白(直到主枝干),混合着可以抵抗害虫和树皮下越冬寄生虫的杀虫剂。如果花期已开始就不要进行涂刷了。

→定期将坏了的果子、寄生虫和烂叶收集在一块。经常翻动表层土壤,尽量让土表保持干净,无野草和青苔。鸟可以叼啄掉很多暴露在外的害虫和幼虫。冬季至少要进行两次表层土壤的翻动。

春夏季节

优先考虑使用果树自身对抗病虫害的能力:主干上的树胶,对果子套袋,集中受病虫感染的果子,修剪下的废枝的清理,药物的喷洒(粪水、荨麻剂、木贼浸剂以及聚合草浸剂)。

注意:开花期不要治虫,否则会杀死一些可以传粉的益虫,还有可能烧死花朵。

采摘和储存

有时候果树结了太多的果实以至于将弯曲的枝丫都折断了。为了防止这种情况的发生，可以在结果比较多的小枝丫分叉的末端支起一根长长的杆子。

储存果实的方法

当场吃掉或是在采摘后的几天内吃掉，很多水果都是不能长久储存的。但是特殊的储存方法可以让它们在几周内，甚至是几个月，直到第二年的收获期到来时，始终保持新鲜的美味。

→ **广口瓶储存**：广口瓶的消毒药将耗费较长的时间。以糖水或果浆的形式储存。

→ **储存在酒或醋中**：白酒、蔗糖或是更烈的烧酒。

→ **冷冻**：这是一个比较快速易行的方法，但是要占用一定的地方。注意，冷冻的水果可以保鲜 6~7 个月。可以选择一些比较天然的冷冻方法，如将水果（杏子、樱桃、醋栗、覆盆子、黑茶藨子）放在托盘上冷冻几个小时，然后将他们装进真空塑料袋中。也可以将它们（黑茶藨子、覆盆子、醋栗、桑葚、欧洲越橘）冻成糖块保存：在水果表层涂上添加了柠檬汁的糖水。

其他不易被直接冰冻的水果，可将它们做成果浆或果酱，然后再冷冻。

→ **自然烘干或电烤炉烘干**：有些水果（杏子、无花果、桃子、梨子、苹果和李子）可切成一块块或一片片的，然后放到温度适中的炉子上烘干，再装到盒子里保存以免回潮。

→ **水果储存区的维护**：这是一个干燥而又通风的地方。水果要干净，没有任何的烂痕，也未受病虫害的感染。定期检查水果是否变质。用水平的架子将水果隔开放置，保证所有的水果都能被观察到，以避免水果腐烂而未能及时发现，从而造成腐烂的扩散。温度要保持在 2~7℃。水果储存区要通风，以便及时排出水果散发出的乙烯。如果储存区太过干燥，水果就容易蔫下去。适当地浇水以增加空气湿度。

→ **果酱和果浆**：储存这些果酱和果浆需要大量的糖。最适合做成果酱的品种：樱桃、蟠桃、勃艮第黑茶藨子、覆盆子、杏子。若想做出混合型果酱，可以先将这些水果分开煮熟，然后在装罐之前再混到一起去。

家庭式果园

有效的种植

打造肥沃的果园需要经过认真地思考和井然有序的布局。即使是一块最小的空地也能升值，只要我们注意合理利用空间，保持树与树之间的距离，这是为了让每棵树上的果实都能充分吸收到阳光，使其果肉饱满鲜美。果树的过分集中种植不仅会影响果园的美观性和实用性，也会影响果树的产量。果实的收获将在春末霜冻期分期进行。储存的水果（冰柜、地窖）可以供一家人吃上一个冬季，直到立春。

简化的维护和生物多样性

集中这些藤蔓和又高又直的果树上的小果子是为了方便维护和采摘。品种的选择要考虑他们是否茁壮，能否产出较大的果实以及果实的味道。将大量结果的中高杆树迎风种植。高杆树适合种植在大花园中以及有梯子的家庭！避免树干过矮，因为这样就不能简化日后的维护。我们的目标是能在枝叶里自由地穿行以方便采摘果实。在这种家庭式果园中，修剪平整的草地对果树的根部将产生很大的影响。夏初，像对待野草一样将这些草消灭掉。同时还要清理一下果树树冠的泥土，并用堆肥和稻草覆盖其根部周围。为了吸引大量的益虫，将花簇集中到有花蜜的“茅草”上去（蓍草、紫菀、松果菊属、三叶草、金光菊）。

材料清单

:: 细绳
:: 铲子、叉铲、耙子
:: 桶、土粪
:: 洒水壶或喷水管
:: 20根至少1.8米高的杆子
:: 铁丝（50厘米）
:: 护苗棍
:: 手推车
:: 买来的或家产的有机肥（粪便或熟化肥）
:: 碎牛角肥
:: 天然稻草（稻草、茅草、树皮）

植物清单

果树

① 1棵樱桃树
② 1棵杏树
③ 1棵柿子树
④ 1棵桃树
⑤ 1棵木瓜树
⑥ 4棵苹果树
⑦ 3棵梨树
⑧ 2棵李子树

小果子树

⑨ 30棵定期开花的草莓和12棵四季开花的草莓
⑩ 15棵定期开花的覆盆子和15棵四季开花的覆盆子
⑪ 5棵醋栗
⑫ 2棵黑加仑
⑬ 1棵黑加仑和醋栗的杂交品种
⑭ 6棵榛树（3个不同的品种）

藤蔓植物

⑮ 5棵猕猴桃：1棵雄性，4棵雌性
⑯ 3棵黑莓：2棵有刺的，1棵没刺的

草本植物

⑰ 一盆大黄

开始种植前

果园要位于光照较好的地方，对于气候较寒冷地区，要用防护墙或木质的围栏来保护畏寒的植物（猕猴桃、杏树），并且围栏的尺寸要能保证让中高杆树自由生长。如果选择的是高杆树，在果树周围需预留更多的位置。

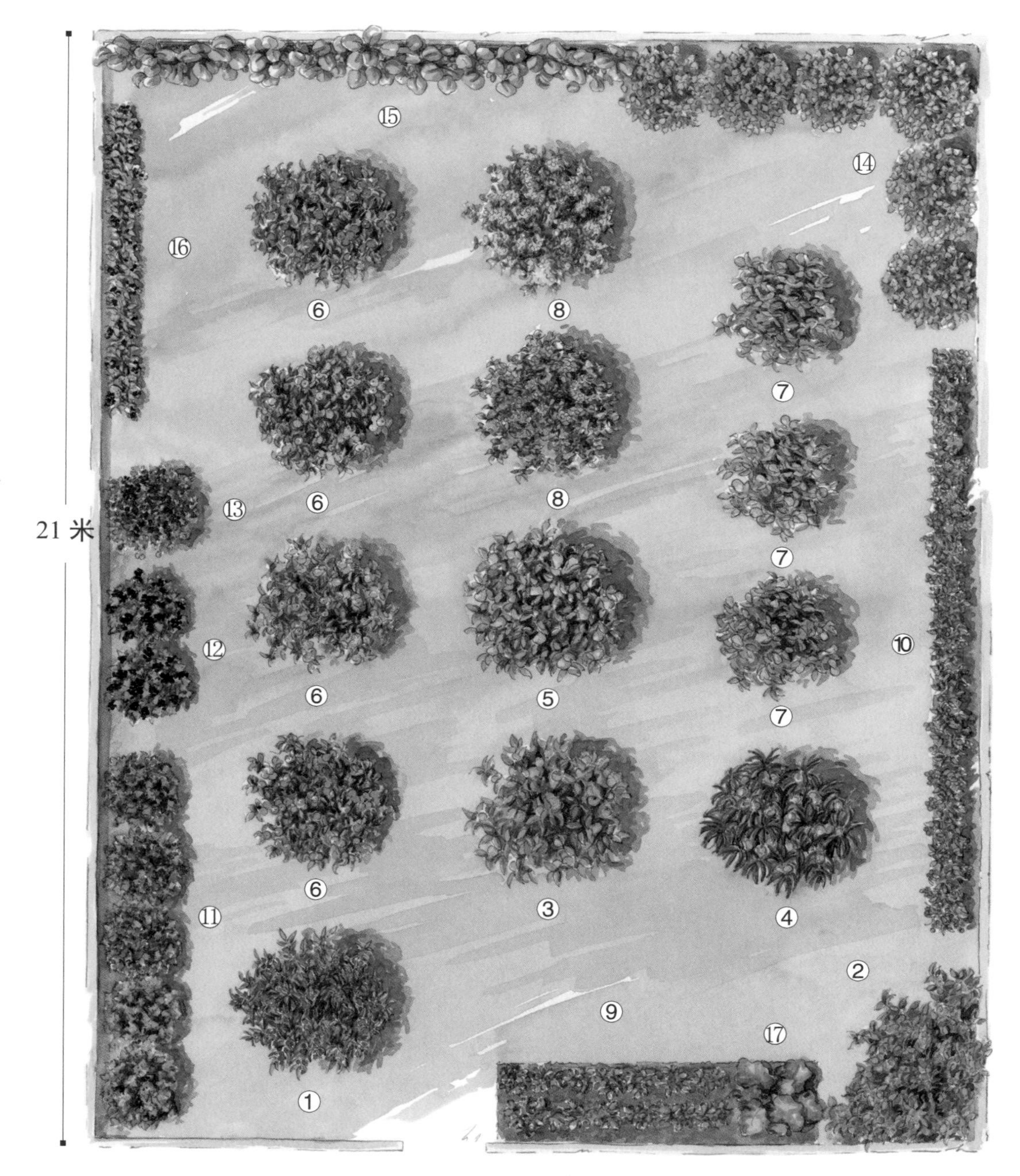

21 米
15 米
⑮
⑭
⑯
⑥
⑧
⑦
⑥
⑧
⑬
⑦
⑫
⑥
⑤
⑦
⑩
⑥
③
④
⑪
②
⑨
⑰
①

杏树

杏树是自交能孕的植物（在平面图上只有一棵杏树）。“早春香”：果实个大，味美多汁，成熟较早。“新世纪”：适应性强，早实产量丰富，果实个大，味道浓郁香甜。“金奥林”：产量丰富，味甘甜，果肉细腻多汁。

杏树

一棵成年的杏树可以产 50 千克美味多汁的杏子。买一棵杏树幼苗就可以了，因为杏树生长很快，授粉也很快。让人意想不到的是，杏树不畏寒冷，但是它的花对于春天的霜冻期却很敏感。

要求：土壤有很好的排水性，也就是土壤最好是石灰岩质的。种植地方要能躲避寒风，在寒冷区域靠着墙生长。

花期：花期很早，初春时即可开花，且呈玫瑰白色。

结果：从夏初到深秋。

食用方法：直接食用，或做成果酱、果馅饼、果浆以及冰冻果汁。

木瓜

这是种小果树，更适合种植在小花园中。优点：春季开花，明朗的秋季开始落叶，即使在冬季树形也很迷人，特别是香气四溢的果子！

要求：未过多松土的石灰岩质土壤。

花期：春季中期开花，花呈玫瑰白色。

结果：果实秋季成熟，呈黄色，很大一个。

食用方法：直接食用，或与苹果一同混合做成果酱、果浆以及果泥。

木瓜

“第三代夏威夷”：果肉鲜红，肉质鲜美爽口，味道清香。“穗中红”：花性稳定，早熟，产量丰富。“红霞一号”：果实硕大，8~9 月份成熟，抗旱，产量高，结果早。“泰国红肉”：果期长，味道香甜。

桃树

这种小型果树生长得很快，开花繁盛，适合种植在家庭式的果园中，桃树也是自花受孕的。

要求：土壤排水性好，没有过多的石灰质。所处位置要气候温和，阳光明媚，能避开春季霜冻期。

花期：初春就开始开花。繁盛的玫瑰色花朵沿着枝丫绽放。

结果：7~9 月份，根据品种的不同结果期略有差别。果实多汁，入口即化，口感清新。富含维生素 C 和维生素 A。当手指轻轻压上去果肉有些软的时候，就可以采摘了。

食用方法：直接食用，或做成桃子冰沙、桃子糕点以及桃子果酱。

桃树

抵抗病害的能力比较强，“夏明”：果实硕大，果肉乳白，脆甜多汁，6 月中旬成熟。“金秋红桃”：果肉细脆，香甜美味，9 月下旬成熟。“红冠”：果肉香脆、甜美，产量高，8~9 月份成熟。

樱桃

在家庭式果园中，很难忽略开花繁盛、耀眼迷人的樱桃树。如果邻居家有一棵，那么自己种一棵就够了，传粉是没有问题的。你也可以种植两颗樱桃树（如果空间有限，就将其中一颗种到苹果树的位置上）或者种植可以自花受孕的品种（很少见）。

要求：土壤肥沃且排水性好。

结果：开始于夏初。果实繁多，呈深红色、枚红色或浅黄色，果肉松脆。

食用方法：直接食用，也可做成果馅饼、樱桃酱或是腌糖。

樱桃

“艳红”：果实大小整齐，5 月上旬成熟。果皮鲜红有光泽，果肉淡红色，肉质硬，口感佳。“闵引A”：6 月中旬成熟，果实呈紫红色，味甜。“秦樱一号”：果实呈紫红色，心形，5 月上旬成熟，味甜多汁。“拉宾斯”：果实硕大，颜色红艳。

苹果

“烟富1~6号”:抵御病害能力强,健壮,果实香甜,呈红色,果肉松脆可口,10月中下旬成熟。“烟嘎一号”:果皮呈亮红色,果肉结实,微酸,多汁。8月下旬至9月上旬成熟。“珊夏”:色泽鲜艳,果肉松脆爽口,味甜多汁。

苹果树

苹果树种类繁多,着重选择能自花受孕的品种。不要担心平面图上标出的4棵苹果树,这样可以带来很好的传粉效果(嘎啦果、香蕉苹果、金苹果)。如果要储存这些苹果(水果库、地窖),就要选择不同的品种以便食用。有些品种需要在采摘几周后才可食用。

要求:较深的松土,排水性好。阳光充足或半阴凉处,通风良好。

结果:9~11月份。苹果树需要修剪以确保结出的果实比较大。

食用方法:直接食用,或做成糕点、果酱、果馅饼、苹果汁。

梨树

“若光”:果皮黄色,果实呈扁圆形,分布密集。“黄冠”:果实个大,果肉细腻、松脆,酸甜适中,香味浓郁。“雪清”:果实呈黄绿色,果皮薄。肉质较细,味甜。“南水”:适应性广,果实呈黄褐色,果肉细腻嫩脆,味甜,多汁。

梨树

如同苹果树一样,梨树也有很多品种可供选择。若选择中高杆树,就选有完整、不受约束的嫁接砧木品种,这些品种都很健壮,对土壤要求没那么苛刻。若选择低矮的梨树品种,嫁接可以在木瓜树上进行。梨树大多为自花不孕的,所以十分需要传粉作用较好的品种,如若光梨、翠冠、圆黄等。

要求:土层深厚、干燥(如果嫁接在木瓜树上,土壤要求要肥沃、疏松、通风)。

结果:秋季结果,梨子摘下来便可食用,采摘后的梨子可以储存到地窖中去。

食用方法:直接食用,或做成糕点、果酱、果馅饼、梨子汁,果浆或果汁冰糕。

日本柿子树

这种高大的树生长缓慢，可将收获期延长至冬初。果实经不起磕碰，容易碎烂。当柿子被冰冻得熟了、软了的时候就可以食用了。

要求：充足的光照，避风。土壤深厚，排水性好。

结果：5~7月份。果实呈亮橙色（有点像西红柿）。在树上成熟期较长。富含维生素C和维生素A。

食用方法：直接食用或做成果酱。密封在袋子里，并在袋子里放入3个苹果或1根香蕉会使柿子熟得更快。

李子树

李子树易存活，非常适合家庭式果园。榄仁果砧木可以使其很快的结果且结果较多。

李子树的三大种类。洋李：味甜，不易水溶腐烂（很适合种植）；黄香李：果实大小如樱桃，果肉结实，香甜可口；意大利李：果实圆形甜美，可达8米高。

要求：只要有充足的光照即可。

花期：春季开花，呈白色，花开繁茂。

结果：夏中至秋季。

食用方法：直接食用，或做成果酱、慕丝、果浆、果汁……

VALEURS SÛRES

柿子树

"斤柿"：果实成熟后为橙红色，果皮厚，果肉为金黄色或橙红色，肉质绵甜，风味独特。10月上旬成熟。

VALEURS SÛRES

李子树

"南锡黄香李"：果肉特别的香甜多汁，8月下旬成熟。"蜜思李"：果实近圆形，果皮紫红色，果肉细嫩，酸甜适中，香味浓厚，5月初即可收获。"秋姬"：果实硕大，果皮完全着色后呈深红色，果肉厚，肉质细密，果味香甜，8月中下旬成熟。采摘后，常温条件下可贮藏2周以上。

草莓

"甜查理":健壮,抗病害能力强,果味香甜。"丰香":外观呈心形,颜色鲜艳粉红,果肉多汁,酸甜适中。"章姬":抗病性强,果实个大、味美。

草莓

草莓味道香甜,结果较多,口感松软,很适合在菜园和果园中种植。将四季开花和定期开花的草莓结合起来种植以便充分地利用5~9月份这段时间。

要求:光照充足,土壤富含腐殖质,最好是中性或微偏酸性的黏土。

花期:定期开花的品种在4~6月份为开花期,小小的白色花朵。4月到霜冻期都是四季开花品种的开花期。

结果:春末居多,一棵草莓藤可以结出250克的草莓。四季开花的草莓在初秋可进行第二次采摘。

食用方法:直接食用,或做成草莓糕点、草莓冰淇淋、草莓汁、草莓酱。

覆盆子

四季开花的"哈瑞太兹":生命力顽强,8月末到霜降都是成熟期。

覆盆子

将它们种植在果园中会产生很好的经济效应。覆盆子糕点是主妇们菜篮中的奢侈品,自己种植后,就可以不去市场上买了。注意在种植和维护的时候不要被这些带刺的小灌木扎到。

要求:光照充足,土壤肥沃、松软、排水性好,没有过多的石灰质。

结果:定期开花的品种:初夏时可大量采摘。四季开花的品种:夏季采摘,特别是秋季可在当年新发出的茎杆上大量采摘。果实成熟时,很容易脱落采摘。

食用方法:直接食用,或做成糕点、果酱以及果汁饮料。

醋栗

一棵成熟的醋栗只要稍加维护，一年便可产出 4~5 千克的果子！

要求：土壤排水性好、肥沃，有适度的石灰质。光照不宜太强或位于半阴凉处。不耐旱。

结果：初夏时果实呈红色、玫瑰色或象牙白色。为了提高产量，可将不同的品种混合种植。

食用方法：直接食用，也可做成糖浆、果馅饼或冷藏后食用。

黑加仑

每串的产果量略少于醋栗，一棵成年的黑加仑每年可产 2~3 千克的果实。

要求：土层深厚、肥沃、偏酸性。光照不需太强但也不能只有半侧受到光照。

结果：夏季结果，果味酸甜，十分可口。为了提高产量，可以将不同的品种混合种植。

食用方法：直接食用，也可做成果汁、冰淇淋或冷藏后食用。

VALEURS SÛRES

黑加仑能抵抗白粉病。“丰产薄皮”：抗寒力较强，抗旱力弱，果皮薄，果肉多汁。“奥依宝”：味道酸甜，7 月中旬成熟。

醋栗

“坠玉”：果皮薄，果实柔软多汁，口味酸甜。

醋栗和黑加仑的杂交品种“Casseillier”

该品种没有刺，结果很多:每棵可产果 7 千克!

要求:土壤肥沃，排水性好。需种植在夏季比较通风的地方，在炎热的季节可种于阳光充足或半阴凉处。

花期:春季开花。

结果:大多数枝丫可结 3~4 个大果子，又黑又光滑，味道有点像黑加仑，果实长得像醋栗。7 月份成熟。

食用方法:可做成水果沙拉、水果冰淇淋或果浆。

VALEURS SÛRES

榛树

“小薄壳”:果实较小。

“连丰”以及“泰丰”:果实硕大。

榛树

种植的榛子美味可口，但是产量却有待改善。授粉作用不佳是产量少的原因:榛子树需要几种具有很好授粉作用的品种同时授粉，这样才会高产。

要求:土层深厚、松软，位于阳光可照到或半阴凉的地方。

结果:初秋开始。果实呈圆形或椭圆形。当果壳开始裂开的时候就可以收获了。

食用方法:直接食用，也可晾干后食用或做成蛋糕。

猕猴桃

猕猴桃属强壮的藤本植物，每年的生长高度可超过2米，即使是种植了几年的也一样可以长这么快。如同叶子一样，其一簇簇如冰淇淋白色的花朵同样也具有很好的装饰作用。猕猴桃树有雌性和雄性之分。雌性在其花朵底部有凸起的地方，这是将要结果的地方，雄性的花朵就没有这个凸起的地方，是平的。为了让猕猴桃顺利地结果，我们需要在几棵雌性猕猴桃中间种植一棵雄性的。

要求：温度高且避风的地方。土壤肥沃、深厚。夏季通风。

结果：秋季开始。即使猕猴桃还不够成熟，树叶的掉落就是开始收获的标志。可将不熟的猕猴桃放进地窖或冰箱的下层，这样它会慢慢的变熟。为了能定时地吃到，可以将一部分拿出来放在外面，让其快速自然地成熟。

食用方法：直接食用，也可做成冰淇淋、果汁或冷藏后食用。

猕猴桃

"海沃德"：雌性的比较常见，果子很大(70~150克)，味道酸甜，美味可口。"华优"：果味香甜，10月初成熟。

黑莓

每棵树可产6千克的果实！

要求：阳光充足。普通土壤即可，但是含过多石灰质的土壤则不行。

结果：树干的长成要两年的时间。在7月份和9月份收获果实。果子呈黑色，味香甜，有时候有一点点酸。只有成熟的果子才会自然掉落。

食用方法：直接食用，也可做成水果沙拉、果汁、或糖浆果浆。

黑莓

"宁植13号"：适应性强，生长旺盛，硕大的果子味道十分甜美，6月下旬~8月上旬成熟。"赫尔"：生长旺盛，抗病虫能力强，喜光，耐旱，果实大，酸甜可口，7月底成熟。

实施步骤

初秋是着手构建果园的最佳时期，但是每个季节都会有一些重要的任务（参考养护要点第35页）。

1 除草，并仔细翻动浆果和猕猴桃种植区域的土壤。用熟化肥和捣碎的牛角来肥沃土壤（可在周末进行以避免占用工作时间）。醋栗的栽植坑为5米长、1米宽，黑加仑和黑醋栗的为4米长、1米宽，黑莓的为9米长、1米宽，猕猴桃的为6米长、1米宽，榛树则需挖一个每边都是3米的等腰三角形栽植坑。对于覆盆子，每个栽植坑为8米长、1.5米宽，草莓的则为4米长、3米宽。

2 如果可以的话，在种树苗的前几周，将挖好的洞再翻一遍。把每个砧木需要的肥料集合在一起（如果需要排水，要准备粗砂；如果砧木是徒长枝的话，要准备碎牛角肥）。

3 为黑莓、覆盆子和猕猴桃安置幼苗的绑缚牵藤。种下所有的小型果树，并用标签标记大黄的种植位置。

给鸟饮水

为了防止一些贪吃的鸟偷食果实，用网围起来不失为一个好办法，但有时候由于鸟的爪子陷进网中会造成鸟的死亡。所以不妨在果园边放置一个水槽或挖一个水潭给鸟饮水。因为如果有水可以饮用鸟就不会拿水果来解渴了。

种植覆盆子

❶安置4根成排的小木桩，每个间隔2米，用小木条或铁丝在木桩75厘米、1.25米和1.75米的高度处分别进行连接绑缚。为了留出过道以及方便之后的覆盖，每排小木桩之间至少要留有一米的距离。

❷每隔50厘米种植一棵覆盆子。与黑加仑和醋栗相反的是，覆盆子埋根很浅，但要将其根向各个方向伸展开来。根蘖在浅浅的土层中生成。若为石灰岩质的土壤，则要在种植坑中加入一些灌木叶腐殖土。

❸当覆盆子开始生长时，在连接的木棍或铁丝上增加一倍的绑缚。从一个木桩到另一个木桩，用细绳或铁丝在不同的高度将它们围住，这样当幼苗长得参差不齐时，能促进木桩彼此间的协调。覆盆子需要大量的氮气，所以最好用成熟的堆肥将其覆盖。

修剪定期开花的覆盆子

该品种在初夏结果。

❶冬季去除较老的枝丫（分叉的、长刺的或颜色很深的），这些枝丫会在夏季之前就结果。

❷将所有的嫩枝茎秆捆扎起来，将其修剪成一人高，它们将会在夏季结果。如果茎秆过多，用中耕锄去掉一些，但不要伤及根部。一平方米留下十来个茎秆就好。

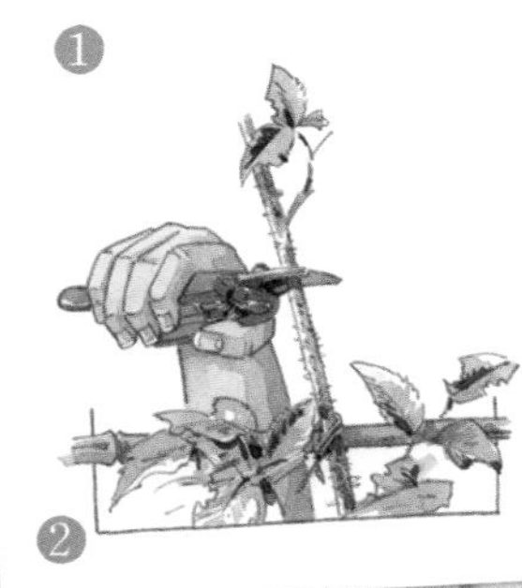

修剪四季开花的覆盆子

该品种一年结果两次：夏初、夏末各一次。在嫩枝的末端结果；次年将在小分枝上结果，这些小分枝是分布在结果茎秆的底部的。

❶ 冬季去掉老枝，夏末的时候剪短结果茎秆的末端。

❷ 在夏初第一次收获后，去掉这些已结过果子的茎秆，为嫩枝夏末的结果腾出空间。

4 11月份树叶掉落的时候再去买树苗，这样的树苗没有须根。等到春季再去买那些畏寒的树苗（杏树、桃树）。如果要节约成本，可以自己选择嫩枝来培育成幼苗。天气允许的话可以种植这些自己培育的幼苗，并用木棍轻轻地支撑住最大的砧木。幼苗要能抵抗住强风，不至于歪倒或移动。将支撑木棍要深插到土壤中的那部分晒干，以延长它的使用时间，使其不至于腐烂。

救命，被虫蛀的樱桃！

在樱桃的成熟期，用胶带来抵御苍蝇的入侵，使它在产卵之前就将其黏住。黏住苍蝇后迅速地将胶带取走，避免其成为益虫的陷阱。如果这个还不够管用的话，在樱桃开始变红的时候，每10天用两次天然的杀虫剂——藤酮来杀死苍蝇。注意：这种杀虫剂在盆地周边或蜜蜂采蜜的时候不要用。这种药在石灰水的稀释作用下将失去作用，所以要加入一些醋。最后，将樱桃储存在避开寒风的地方。冬季，为了让那些幼虫能被冻死或被鸟叼走，需要在樱桃树的根部松土。春季为了防止苍蝇从土壤中出来，在树周围盖上稻草。

中高杆树从嫩枝开始培育

砧木要活力旺盛、茁壮。

① 第一个冬季：种下嫩枝，并将其支撑固定好，修剪至 1.5 米高。在接下来的夏季，去掉主干上的嫩芽，留下一些叶丛，这些叶丛将使主干变得粗壮。

② 第二个冬季：在主干周围留下 3~4 根好的枝丫，将它们修剪掉 1/3 长短，在高于外芽眼 1 厘米处开始修剪（外芽眼通常是供花冠透气的）。

③ 第三个冬季：在每个分枝上留下 2 个好的分叉，修剪成“Y”形。这 8 个分支将形成果树最主要的枝丫。在接下的几个冬天：将主要枝丫上的细枝剪去，每个枝丫上只保留一个细枝，修剪成 15~20 厘米长，这是为了使花冠能均匀分布。

造福后代的果树

如果果园空间富余，可种植一棵胡桃树造福子孙后代！胡桃需要肥沃、深厚且排水性好的土壤。与嫁接到法国胡桃上的相比，嫁接到美国的砧木上，胡桃树会长得相对较小，但结果速度更快（4~5 年而非 7~8 年）。

5 如果在秋季没有种植的话，那么在初春，可以种下猕猴桃、桃树和杏树。

果枝的修剪

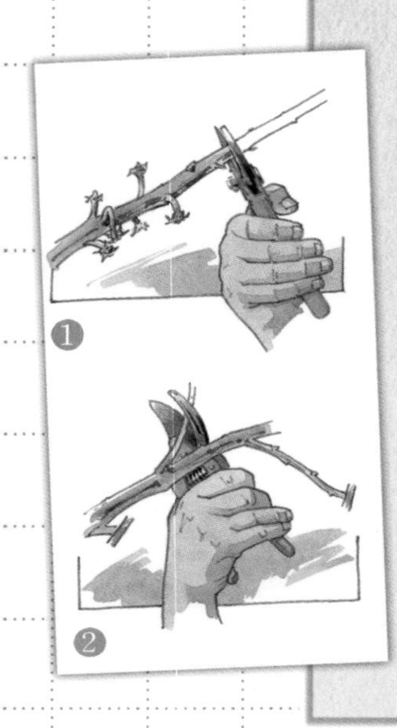

秋收时，将每根树枝上最新结出猕猴桃的果柄留住以方便冬季的修剪，这个修剪在生长期开始的时候进行，霜冻期除外。

1. 雌性猕猴桃树：修剪那些在秋季长出果实的细枝，在高于最新果柄两个芽眼的地方开始修剪。对于雄性树：在枝丫最高的开花处开始修剪。
2. 为了增强老枝丫的活力，在最先长出来的两个芽眼处开始修剪。这两个芽眼生出的枝丫在第二年将会有6~7个芽眼。如果嫩芽长在了不能结果的老枝下面，那么可将老枝去掉。当我们修剪的时候，细枝是会流液的，为了减少修剪带来的流液，不能修剪得太晚。将修剪下的树枝扦插而不是扔掉，留下3个芽眼，把大部分插入到填满了腐殖土和沙子的花盆中去。

中等树干高度的苹果树的冬季修剪

为了将来的好收成，这个修剪是必不可少的！

1. 在种植的时候，将所有的分枝修剪成20厘米长以便长出更多的枝丫。将外侧的芽孢以上部分剪去，这是为了使花冠远离树干。
2. 第二个冬季，将主枝修剪成40厘米长，并去除枝叶中间部分的多余叶片，以便阳光能透过枝叶照射进来。
3. 接下来的冬季，将分枝第5片叶片以上的部分都剪去。
4. 保留将会结果的短果枝群（尖尖长长的芽孢）。这些短果枝群存在于生长了3年的枝丫上，而这个枝丫是位于有着4~5片叶子的短枝上的。

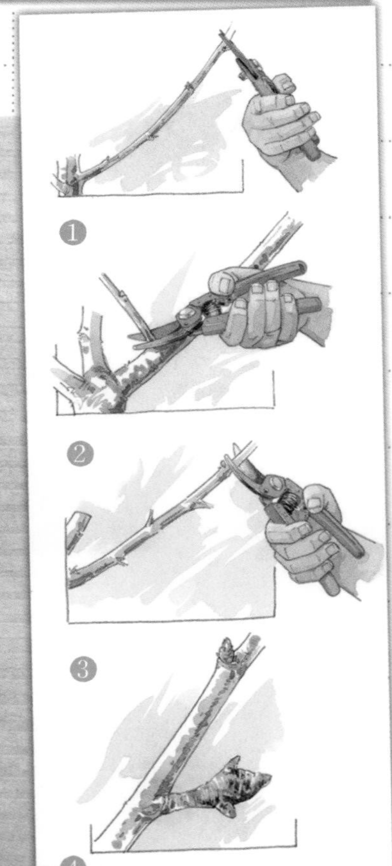

养护要点

春 季	→ 细心地为砧木浇水 → 在所有果树周围除草，松土，覆盖稻草，特别是草莓树 → 在芽孢展开之前喷洒波尔多液：苹果树、梨树、桃树 → 让果树幼苗得到充分的光照 → 在苹果树和李子树上安置抵御外激素的陷阱
夏 季	→修剪绿枝：苹果树、梨树、猕猴桃树、桃子树 →去掉徒长枝或生长在主干周围的侧枝 →为鸟准备水槽饮水以避免其叼啄果子 →支撑结果较多的分枝以避免果子将枝丫压弯而导致断裂：李子树、苹果树 →绑缚黑莓树、猕猴桃树和覆盆子树 →两年后，拿掉苗木的支柱
秋 季	→当树叶掉落的时候，在苹果树、梨子树和桃树上喷洒波尔多液 →收集运走掉落的果实和树叶，避免其腐烂生成的病害和寄生虫 →3~4 年后将草莓树挪动位置重新种植
冬 季	→修剪黑莓树、醋栗树、黑加仑树、榛树、猕猴桃树和覆盆子树 →修剪高杆苹果树和梨树：去除死掉的枝干，受病害感染和生命力不旺盛的枝丫

外激素陷阱是如何起作用的？

100% 实景拍摄

通常，这种装置足够限制蝴蝶在李子树和苹果树上生产的小卷叶蛾，这种卷叶蛾能大量产卵从而生成虫子。昆虫能天然地散发出一种信息素（外激素），供它们交流。在陷阱上放置一个有着吸引昆虫信息素的盒子，被吸引过来的昆虫就会被粘在盒子上的板上。要注意更换信息素盒子，每个月也要更换一次粘贴板，直到 7 月份，这是昆虫产卵的最后一个月。一个这样的陷阱装置可以供 3 棵树使用。

小花园中的果园

一块小小的空地就能让一家人在收获的季节享受到美味的果实。这些果树兼具实用性和装饰性。第一个喜欢的就是小孩子，相对于只具有观赏价值的植物来说，小朋友更喜欢能结出美味果实的果树。在自己的花园中混合种植一些植物（装饰性植物、蔬菜、鲜花以及果树）可以减少病虫的危害，从而产生很好的生态效应。

小花园中受欢迎的果树

易于采摘，结果较多，维护成本低，小果树的这些优点很符合种植规划。小花园中要避开带刺的、结果少的以及容易受病虫危害的品种。如果希望在小花园中种植大果树，只要选择一棵中高杆树或高脚杯形态的大果树即可。这种树将会大量地结果，并且枝叶繁茂，成为你树下休憩的阴凉场所。

节省空间

选择小型果树种植时，可以用种子或果核来尝试着培育果树：矮小的、高杆的、纺锤状的或是绑缚型的。沿着过道或顺着围墙种植，从形态和结构上都会起到装饰作用，这些树结果很快，通常是在种下的那一年就开始结果。唯一不好的是：要付出的辛勤比较多，因为为了形成树的形态，至少需要 5 年勤劳、专业的修剪。在一片小地方，投资种植一些好的、产果快的砧木是明智之举。展示树的装饰作用就要一些额外的维护和照顾了，将树枝绑缚到靠着墙的绳梯或花架上，特别是要仔细地对果枝进行修剪。

材料清单

:: 拉线
:: 铲子、长铲、耙子
:: 水桶、土簸
:: 水壶或水管
:: 有机肥或家肥（粪肥或熟化肥）
:: 碎牛角肥
:: 8 个直径为 5 厘米的小木桩（或大金属桩）
:: 4 个大竹竿
:: 绑缚枝叶的绳索
:: 50 厘米长的铁丝
:: 麻布

植物清单

果树

① 1 棵矮化樱桃树
② 1 棵矮化桃树
③ 2 棵黑加仑
④ 3 棵醋栗树
⑤ 1 棵红醋栗树
⑥ 25 棵四季开花的草莓
⑦ 25 棵定期开花的草莓
⑧ 1 棵无刺的黑莓
⑨ 2 棵双"U"形或玻璃杯形的苹果树
⑩ 2 棵双"U"形的梨树

果树的好搭档

⑪ 2 棵修剪成球状的黄杨
⑫ 1 棵阔叶月桂树
⑬ 12 棵各式各样的芳香植物（小葱、金色披萨草、绛紫色药用鼠尾草、金色密里萨香草）
⑭ 1 棵大黄
⑮ 2 棵刺菜蓟或洋蓟
⑯ 一年生花草（种子植物）：玻璃生菜、卡普辛、百日草
⑰ 一年生花草（球茎植物）：大丽菊
⑱ 蔬菜（种子）：生菜、红萝卜、四季豆、不带藤的西葫芦
⑲ 蔬菜（幼苗）：西红柿、红甘蓝

开始种植前

小果园应围绕着中间较宽的走道分布，这样可以使维护和采摘更容易（运载物品的手推车要能方便地通过）。这些种下的果树大都是自花能孕的，除了梨树和苹果树，我们将其不同的品种成对种植。授粉作用好的品种：苹果树有"烟嘎 1 号"、"金冠"；梨子树有"若光梨"、"翠冠"。如果邻居家种植了果树，注意观察一下品种，也许他家的果树能为你的果树传授花粉。

⑧
③
③
②
⑱
⑱
⑱
⑱
⑦
⑭
⑥
⑮
⑰
⑪
10 米
⑨
⑨
⑩
⑩
⑪
⑬
⑬
⑯
⑮
①
⑲
⑲
⑤
⑫
④
④
④
8 米

矮化樱桃

“布拉”:适应性强,早熟,产量丰富稳定。果实个大,果皮呈亮红色,果肉细腻,味甜。“矮化红灯”:果实个大,果皮呈红色或紫红色,果肉淡黄,多汁,酸甜适中。

矮化樱桃

这种樱桃是小花园的首选,因为我们要将其修剪成矮小的形态或将其嫁接到矮化的砧木上去。

要求:肥沃、排水性好的土壤。

结果:初夏开始结果。果实又红又大,呈玫瑰色或淡黄色,口感香脆。

食用方法:直接食用,也可做成果馅饼、果酱或甜的食物配料。

矮化桃

“矮丽红”:树体矮化,可盆栽观赏,果实可食用。

矮化桃

矮桃树树形很小,不会超过 3 米或 4 米。若空间有限,便可种植这种矮小的品种,它们结出的果实与普通品种的果实大小相似。

要求:土壤排水性好,不要含太多石灰质。种植在温暖,光照充足,能避开春季霜冻的地方。

花期:早熟,初春开始开花。繁盛的花朵沿着枝丫盛开。

结果:根据品种的不同,7~9 月份结果。果实多汁、松软、清凉可口,富含维生素 C 和维生素 A。手指轻压感觉果肉软软的时候,就可以采摘了。

食用方法:直接食用,也可做成水果沙拉、糕点或果酱。

醋栗

这种灌木适应性很广，通常是有刺的，适合在花园中种植。树很矮，0.5 ~ 1.5 米高，从根部开始就有分枝。

要求：夏季土壤要通风、排水性好，光照不要太强或只能照射到植物的一面。

结果：果实单生，在夏季不会成簇的结果。根据品种的不同，果实呈白色、黄绿色或紫红色。果皮光滑或有绒毛。

食用方法：直接食用，也可做成果酱或冷冻保存。

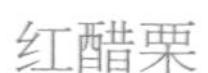

红醋栗

红醋栗是荆棘形态的植物，叶子颜色很深，一簇簇的呈半透明的鲜红色。高度：1.2~1.5 米。红醋栗的根很短，所以翻土的时候要格外小心。

红醋栗

“红瑞”：果实为亮红色，果味香甜，7 月上旬成熟。

无刺黑莓

蔓生型灌木，叶色光亮，呈锯齿状，为半年常青的品种。由欧洲乡野的野生品种改良而来，高度为 4~5 米。

要求：光照充足，半喜阴，土壤通风性好。

结果：成年的植株每年结果可达 10 千克，生长了 2 年的树干上结出的果实呈黑色，果肉比野生的结实。为了确保果实熟透，不要强行摘下，最好是等果子自然掉落。

食用方法：直接食用，也可做成糕点、冰淇淋或冷藏后食用。

无刺黑莓

“宁植 3 号”：果实完全成熟后为紫红色，口感好，有肉质感，香味浓郁，籽少而小。

草莓

“甜查理”:健壮,抗病害能力强,果味香甜。“丰香”:外观呈心形,颜色鲜艳粉红,果肉多汁,酸甜适中。“章姬”:抗病性强,果实个大、味美。

草莓

草莓是自生植物，它是一个非常具有装饰价值的地面覆盖品种，可以美化菜园或花园的边沿。由种子生长出来的树叶半年常青。草莓靠长节蔓来繁殖。

参见第 26 页。

苹果树

苹果树有超过 6000 个品种，大部分都是自花受孕的。应种植两棵能同时开花的苹果树以便于其很好地授粉，或者种植小苹果树“Everste”，它有着出色的传粉作用。

参见第 24 页。

苹果

“烟富 1~6 号”:抵御病害能力强,健壮,果实香甜,呈红色,果肉松脆可口,10 月中下旬成熟。“烟嘎一号”:果皮呈亮红色,果肉结实,微酸,多汁。8 月下旬至 9 月上旬成熟。“珊夏”:色泽鲜艳、果肉松脆爽口,味甜多汁。

黑加仑

比醋栗的果簇少一些，果树成年后每年可产 2~3 千克的果子。

要求：土层深厚、肥沃、透气、偏酸性。光照不宜太强或只能照到树的一半。

结果：夏季会结出很多一串串的黑色果子，味道微酸，散发出清香味。为了使果树高产，可以将不同的品种混合着栽种。

食用方法：直接食用，或做成果汁、水果沙拉、果冰。

梨树

“若光”：果皮黄色，果实呈扁圆形，分布密集。“黄冠”：果实个大，果肉细腻、松脆，酸甜适中，香味浓郁。“雪清”：果实呈黄绿色，果皮薄。肉质较细，味甜。“南水”：适应性广，果实呈黄褐色，果肉细腻嫩脆，味甜，多汁。

梨树

梨树叶呈亮绿色，浓密而早落，春季开花呈白色，不同颜色和形状的果子使其在绑缚形态下更加诱人。将其嫁接到普罗旺斯木瓜树上，会降低枝叶的活力，但是可以快速结果。将其嫁接到多杆型果树、单杆型果树和纺锤型果树上同样也是这样的效果，但是这些树根生得比较浅，所以相对于将梨树嫁接到由种子萌发的树（野生的）上来说，嫁接到这些树上要求会更苛刻。

参见第 24 页。

实施步骤

初秋时就要开始整理种植果树的土壤。

1 多杆型树和其周围的芳香植物要两个6米长、2米宽的栽植坑，草莓需要一个3米长、1.5米宽的栽植坑。底部的大栽植坑为8米长、0.8米宽，这是为夏季开花的一年生鲜花准备的，也可能还要准备种植球茎植物（例如水仙花）。

2 在11月份种植多杆型树之前要安置好支撑杆。充分预估黑莓以后的长势和绑缚形态（3个支撑柱以及2~3排铁丝）。将小型果树都种下：草莓、黑加仑、醋栗、黑莓。

种植2棵多杆型树

为了让树的两面都有光照，需要沿着南北方向安置一些果树的支撑柱。如果将多杆型树沿着墙壁种植，则铁丝要距离墙壁至少20厘米以保障空气的流通。

❶ 在种植果树之前合理规划框架的安置。安置3个木桩或铁桩（有时候还要用与多杆型树高度相称的坚固支柱来加固木桩或铁桩）。木桩之间间隔1.8~2米，这是为了双"U"型果树能在2个柱子之间自由生长。

❷ 将买回的多杆型树在没有侧根的时候种入栽植坑或花盆里。在多杆型树水平枝干高度处牵铁丝线。

❸ 种植几天后当泥土紧实的时候，将水平的分枝绑缚到铁丝上去。对于垂直的枝干，可能要种植一些竹子来确保垂直支架的稳固。

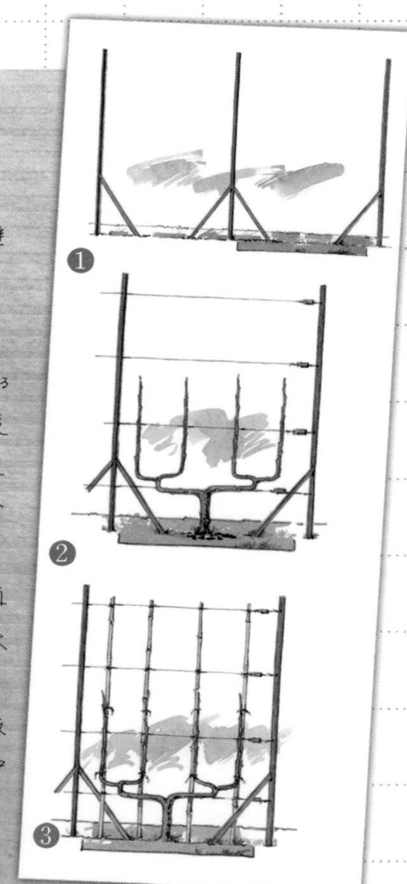

挑选好地方！

初春，对于绑缚型的苹果树，为了促进其生长和结果，需要对其大量施肥。施肥的位置也很有讲究：要将肥料施在可以被吸收的地方，也就是小根生长的位置。这个区域离主干的距离大概是主干上大部分分枝的高度。用土壤将肥料轻轻地覆盖，充沛的雨水可以将肥料的各种营养成分带到树根。

❶

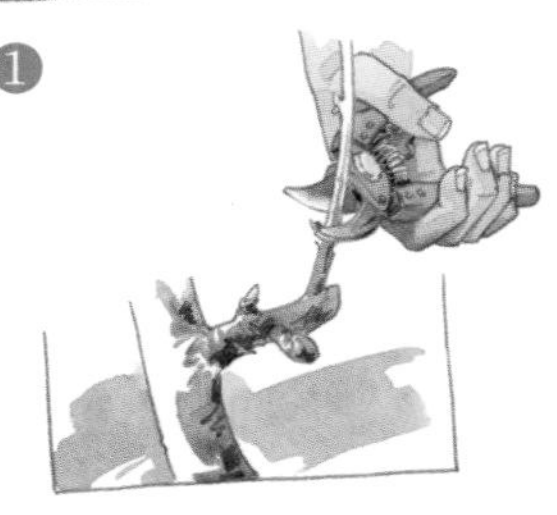

❷

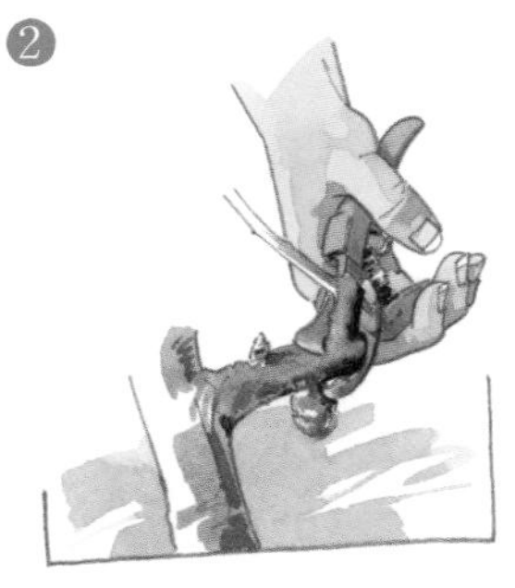

❸

修剪多杆型树

一棵在冬季刚刚种植的多杆型果树在次年的夏季就能在下面主枝的分枝上结果，这是主枝上的短细枝，我们将其称作“短果母枝”。这种修剪多杆型树的方法要持续3年。

❶第一年：短果母枝还只是没有分叉的嫩枝，只长了些芽眼。从第三个芽眼上面开始修剪。

❷第二年：第二年的冬季，在第一个芽孢以上修剪的第三个芽眼已经长成树枝。第二个芽眼已经形成了短果枝群：一个又大又尖的花蕾。第一个芽眼没有变化，我们将其称作“休眠芽”。

❸第三年的冬季：短果枝群已经生长成了花蕾，从这个花蕾以上部位开始修剪，休眠芽就变成了短果枝群。

3 从 11 月份到次年 2 月份将小果树种下(矮化桃树、矮化樱桃树),同时也将苹果树和梨树种植好(除了霜冻、下雪以及下大雨的时候)。

4 春季,种下生命力强的花草:大黄、刺菜蓟、水仙花和月桂树。照料好果园(或草坪)和花圃。

100% 实景拍摄

果实的好收成

为了提前收获成熟的草莓,可以安置一个通风道或者在草莓树上遮一层帘子来催熟。这样就不用去市场上买又贵,味道又不如自己果园好的草莓了。尽量保持草莓种植地的通风以避免草莓的腐坏,也可以促进草莓授粉。

养护要点

季节	养护要点
春 季	→ 给所有的果树施肥（熟化肥或专门性的肥料） → 给草莓覆盖上稻草和麻布 → 定期松土，除草，铺盖稻草 → 给新近种植的果树细心地浇水 → 确保苹果树、梨树和桃树有充足的光照 → 播种花籽，种下大丽菊球茎 → 修剪黄杨和月桂树
夏 季	→ 细心地为新近种植的果树浇水 → 绑缚苹果树、梨树和黑莓新发出的嫩枝 → 若气候干燥，浇灌桃树枝 → 修剪苹果树、梨树和桃树的绿枝
秋 季	→ 在落叶时为苹果树、梨树、樱桃树和桃树喷洒波尔多液（如果有必要的话） → 摘掉受病虫感染的树叶并烧掉
冬 季	→ 修剪苹果树和梨树 → 促进醋栗、黑加仑和黑莓树嫩枝的生长，去除老树枝 → 检查多杆型树的连接以及支撑架的牢固性

定期绑缚多杆型树的嫩枝

当分枝开始生长的时候，定期将其绑缚到支撑架上是很明智的行为。事实上，这些嫩枝都很脆弱，容易被折断，所以要相当小心。将嫩枝固定到竹子或垂直于铁丝的木条上，再将嫩枝用柳条固定在铁丝上，形成一个柔韧的“8”字形，这是为了促进枝丫的生长。

懒人果园

对于你来说，休闲式的果园是不是会感到更放松呢？在种植果树后，你唯一的兴趣是否就是品尝那些不需要照料，天然、健壮的果树上结出的美味可口的果实？不需要付出很多劳动就可以收获颇丰的想法是很富有诱惑力的……也是可能的！但是懒人果园的缺点在于：不能任意的选择果树，这会让你有一点点遗憾！这种果园的照料可以概括为几个词:效率、速度、尊重自然环境。

谨慎选择

优先选择那些抵抗病虫害能力较好的品种。选择自由形态的砧木，这样的话修剪工作就仅需去掉那些枯死的树枝（并且不是每年都会有枯死的树枝）。这种果园比较适合种植中高杆型树，这样可以简化枝叶下面的过道维护和野草的拔除工作。如果空间有限，可以选择高脚杯型或纺锤型果树来种植。

良好管理

简化花园管理的技术充分结合了懒人果园的生态理念:覆盖稻草，吸引益虫的到来，保持天然以及让自然根据时节进行自动的调节。

材料清单

:: 细绳
:: 铲子、叉铲、耙子
:: 水桶、土粪
:: 洒水壶或水管
:: 买来的有机肥或家肥(粪肥或熟化肥)
:: 碎牛角肥
:: 天然稻草

植物清单

① 6 棵榛树,至少 2 个不同的品种
② 6 棵黑加仑,2~3 个不同的品种
③ 6 棵醋栗,其中 4 棵是红色的品种
④ 1 棵杏树
⑤ 2 棵中高杆草莓,其中一棵要求具有较好的授粉作用
⑥ 2 棵李子树,其中一棵要求具有较好的授粉作用
⑦ 1 棵木瓜树
⑧ 1 棵无花果
⑨ 1 棵柿子树

开始种植前

无论在大花园还是小花园中,这种果园占地面积都很小。花园一般在屋前,这样我们可以充分地享受果树开花带来的视觉美感和结果时的成就感。夏季,当果树长大的时候,可以在它的树阴下享受吊床的乐趣! 小灌木丛(榛子树、黑加仑、醋栗树)很快也能形成一道美不胜收的风景线,装饰着你的花园。在大花园中,可以让青草自由地生长,只要留出过道,以便采摘果实。但是在那些小树周围,最好能定期将野草拔除,特别是在第一年的时候。

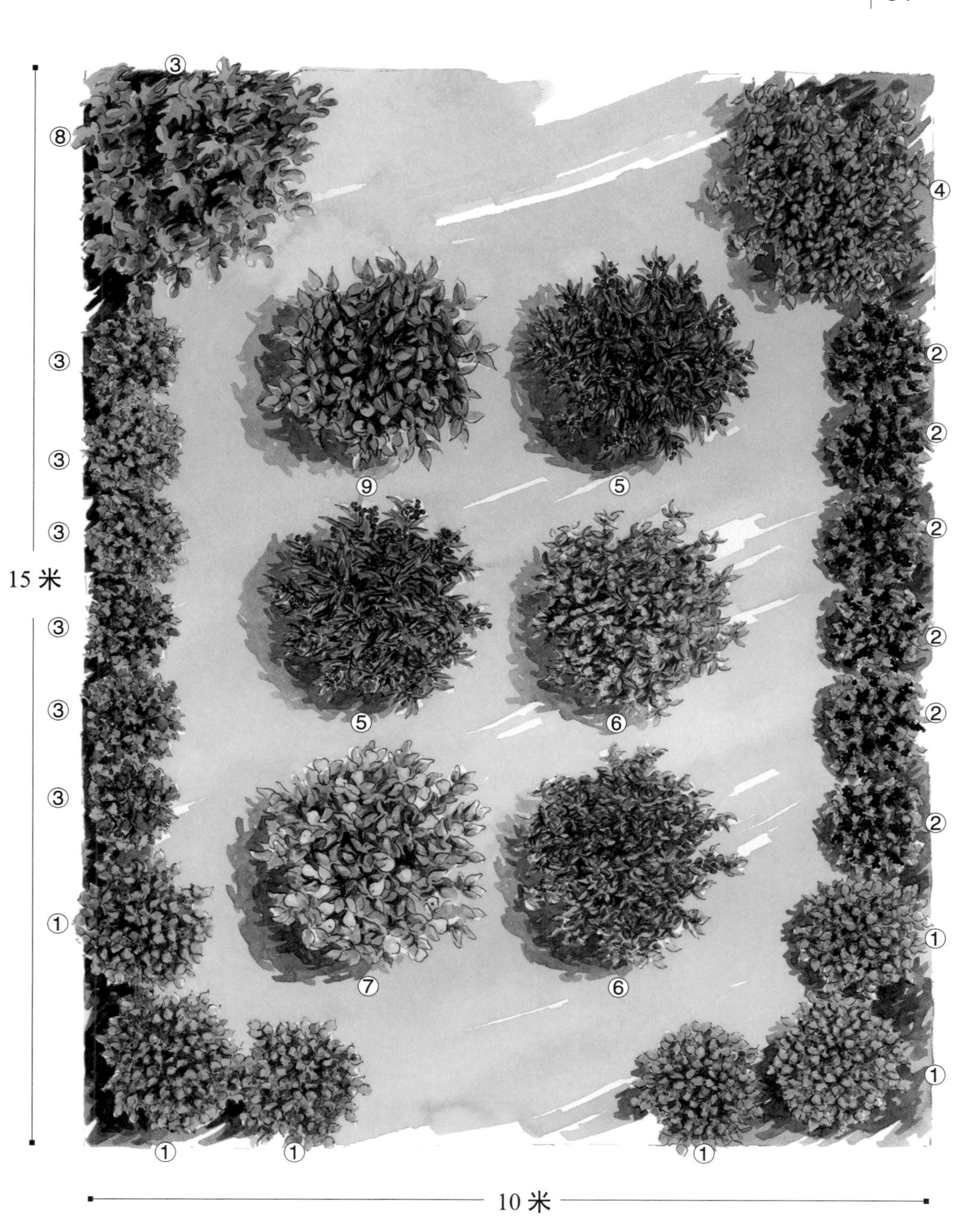
③
⑧
④
③
②
②
③
⑨
⑤
③
②
15 米
③
②
③
⑤
⑥
②
③
②
①
⑦
⑥
①
①
①
①
①
10 米

黑加仑

黑加仑能抵抗白粉病。“丰产薄皮”:抗寒力较强,抗旱力较弱,果皮薄,果肉多汁。“奥依宝”:味道酸甜,7月中旬成熟。

李子树

“南锡黄香李”:果肉特别的香甜多汁,8月下旬成熟。“蜜思李”:果实近圆形,果皮紫红色,果肉细嫩,酸甜适中,香味浓厚,5月初即可收获。“秋姬”:果实硕大,果皮完全着色后呈深红色,果肉厚,肉质细密,果味香甜,8月中下旬成熟。采摘后,常温条件下可贮藏2周以上。

榛树

榛树可存活50年,冬季抽出的一条条垂直而下的花序,成为亮丽的风景点缀。为了能有很好的授粉作用和果实收成,要将几种不同的品种混合种植。
参见第28页。

黑加仑

生命力旺盛,容易繁殖,为灌木状品种。落叶形树叶很漂亮,散发着淡淡的芳香。
参见第27页。

李子树

李子树很容易种植,没什么特别的要求,只需要进行传粉以确保顺利结果。
参见第25页。

醋栗

落叶的灌木树,结果较多,呈棕红色、玫瑰红或珍珠白,醋栗树只需稍微的照料一下就行。
参见第27页。

醋栗

“坠玉”:果皮薄,果实柔软多汁,口味酸甜。

杏树

成熟的杏子入口即溶，美味无穷！一棵嫩的砧木（幼芽）就足够了，因为杏树生长和结果都非常快。果树是伸展开的，树叶呈鲜绿色。

参见第 22 页。

樱桃树

樱桃树很快就能生长成一棵又大又迷人的果树，特别是在春天满树鲜花和秋天挂满黄色或红色树叶的时候，尤其引人注目。樱桃树有 4 种：欧洲甜樱桃，果肉结实，香甜；长柄黑樱桃，果肉柔软甜美；酸味樱桃，果肉柔软，味偏酸；英国樱桃，果肉松软，味道微酸。

参见第 23 页。

柿子树

柿子树树叶秋天呈黄色，树高 6~10 米。主要有两种柿子树：一种是涩柿，这种柿子成熟后会变软，冰冻后就不会再涩口了。还有一种是甜柿，这种柿子可以在很脆的时候吃，也可以熟透变软后再吃。

参见第 25 页。

杏树

"金太阳"：稳产，适应性强，产量高，果味浓甜。"凯特杏"：果实个大，果皮呈橙黄色，果味酸甜爽口，芳香味浓，6 月下旬成熟。

VALEURS SÛRES

樱桃树

早熟的品种可以避免苍蝇的到来，从而避免果实生虫。"岱红"：果皮鲜红色，味甜可口，5 月初成熟。"雷尼"：果实个大，呈黄色，果肉丰厚多汁，味甜，5~6 月份成熟。"黑珍珠"：紫黑色的果实长得很大，果肉松软可口，对高温高湿环境适应力强。

木瓜

这种类型的果树也很省心，对土壤没有特殊要求，但是依然结果丰硕，是一种很好的装饰性果树。开花繁盛漂亮，秋天树叶呈亮黄色。树的高度4~5米。参见第22页。

无花果

非常漂亮的落叶树，它的灌木树在-15℃都可以存活。如果不是温和的气候，建议选择早熟品种以便有足够的时间结果。树高：3~4米。

要求：光照充足，气候温热，避风。贫瘠的土壤也可以种植。在寒冷的气候条件下沿着防护墙种植。

结果：在初夏和初秋可收获1~2次。果肉结实，呈白色、玫红色或深红色。

食用方法：直接食用，晒干了吃或做成果酱。

无花果

“加州黑”：果皮呈紫黑色，果肉为红色，产量高，8~9月份成熟。

懒人果园的简单管理

每次的照料都不会超过 10 分钟。

4 月底土壤回暖的时候：从嫩苗的根部开始铺盖稻草，在此前间注意限制浇水和施肥的频率。熟化肥、稻草、可可豆壳组成了覆盖物的临时材料，这样可以防止水分的蒸发，从而保持土壤的肥沃。

不要用笨重的耙子在嫩苗的周围拔草：因为这样有时候会同时伤害到幼苗。

让果苗自然地生长：在开花期快结束的时候果树可以进行自我疏苗，这时会有一些弱小的果苗因竞争失败而死亡。用几分钟将这些死去的小苗清理掉。要及时地防治寄生虫和寄生虫的繁殖。

当树上有蚜虫时：即使这些虫子卷曲了树叶和花朵，不要着急，也不要急着去治理，它们并没有那么强大。还是关注一下树干里的蚂蚁吧，如果有蚂蚁钻进树干，可以提取蚜虫分泌的树蜜，将其集中起来。把涂满胶的圈套在树干上，防止蚂蚁往上爬。

优待前来吃虫子和建巢的鸟儿：它们可以叼食小昆虫、毛毛虫和其他寄生虫。在收获果实的时候注意不要损害到鸟巢。秋天或冬天时在树上建些鸟巢，这样鸟儿在春季到来之前便能很好地度过寒冬。

留住蠼螋

欢迎蠼螋的到来，它们可以捕食蚜虫。在树上用细铁丝固定一个塞满了稻草的花盆，将它系在受寄生虫感染的树杈上，这将会是蠼螋的良好栖息地(不要放置到果核类树上，因为这些蠼螋喜欢去偷吃果肉)。

由种子开始成长的杏树

将发芽的杏核种植起来，这样长成的杏树上结出的杏子不像你所尝到的那样，这种杏树上结出的果子比嫁接的要小、要多。没有经过嫁接、自然生长的树就叫由种子开始生长的树。这样的树要生长 4~5 年才能结果。

实施步骤

最好在秋季种植果树，这样果树可以很快地修复，也避开了雨季。春季栽植的树在夏季时对浇水的要求很高，你可能会因为夏季的假期和懒惰而没经常去浇水，这样不利于果树的生长！

1 初秋时，用铲子将小型果树（黑加仑和醋栗）将要栽植地方的土翻一翻：准备 6 米长、1.5 米宽的栽植坑两个。榛树：挖两个每边都是 2 米长的等腰三角形的栽植坑。从 7 月份开始简单地将生长茂盛的草除掉，这个除草工程只需要半个小时即可，而且也不是又累又耗时的重活。在除草的地方放一些厚纸板或一些旧的绒布，这样再长起来的草就会缺少空气和光照，不过多久就会自动枯死，根本不需要用到除草剂。

摇动树枝

冬季时将杏树根部周围的土壤用耙子翻一翻以驱赶象虫的幼虫，这些虫子暴露在外后，要么被冻死，要么被饥饿的鸟叼走。杏树的克星——象虫，米白色，成虫后就以杏树为食。吃饱后，象虫会钻进果壳然后在夏季的时候随着果实的掉落，象虫就躲进泥土中了。在地里待了 10~36 个月后，幼小的象虫会爬出来啃噬杏树，并且在树上产卵。在夏季的时候抖动一下树枝，还是幼虫的象虫会被抖落下来从而除掉它们。如果任何措施都不采取，那么因为被虫蛀而掉落的果实会达到 50%。

2 充分利用这些没有草的地方，挖 6 个洞栽种果树。将垄沟里树冠 1 米高处的土壤清理掉。

3 将小型果树和榛树种下。

4 种下所有的果树，无花果除外，这样在气候温暖时就不需要去照料它们了。用小木桩支撑柿子树苗。

5 春末时再种植无花果树，因为无花果的嫩苗对春季的霜冻期很敏感。

醋栗和黑加仑的简易修剪

醋栗和黑加仑是需要修剪的。冬季时，将那些容易识别的老枝干齐根剪掉，这些老枝干的树皮颜色很深，并且容易断裂。对灌木丛中间部位的枝叶进行修剪，避免因为枝叶过密而导致空气流通不畅。只有空气自由流通了，灌木丛才会少生虫，采摘果实也将更容易！这个修剪有利于树皮又光滑，颜色又浅的幼苗生长。

将果树种植在大花盆中

将花盆在水中浸泡十几分钟，这是为了让装进花盆中的泥土很好地水合。对买回来没有须根的根部进行窝根。挖一个栽植坑，至少要有树根的两倍大（40厘米深、40厘米高）。在土壤里掺半桶熟化肥和一把碎牛角肥。

1. 认真浇水使树和土壤很好地融合。如果树根在盆里十分拥挤，与其让树根破坏花盆，不如将花盆内部的隔板去掉。
2. 如果树根在培土上形成了发髻状，则要轻缓地将其梳理一下使其舒展开来，这样可以使树根更加的稳固，往土壤深处生长。
3. 与其让盆中的树苗支柱损坏花盆，不如事先给比较大的砧木树苗搭建一个架子（围着树苗用3根木桩搭建出一个三角形的支架，中间用小木条将其连接起来）。每个树干、树枝用绳子固定到支架上。

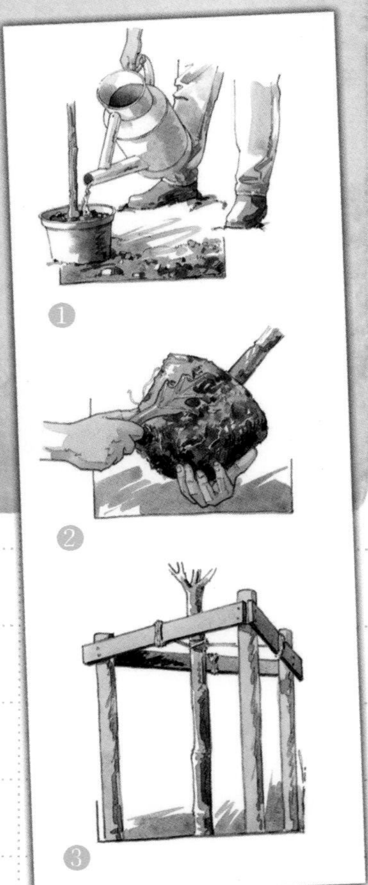

养护要点

春 季	→除掉树干周围的草 →在果树周围铺上稻草，杏树和无花果树除外 →在樱桃树旁放一个稻草人 →去掉无花果叶腋处发芽的分枝
夏 季	→在第一个夏季认真地为所有的果树浇水 →如果夏季很干燥，要经常浇灌杏树 →定期给无花果树浇水，以便果实快速成长，果实成熟后就不要再浇水了 →修剪无花果嫩枝上的叶子，每枝保留 5~6 片即可，这样可以促进果实的生长 →将结果较多的枝干支撑起来
秋 季	→在寒冷地区，对无花果嫩苗根部进行培土 →去掉已结过果实的分枝
冬 季	→去掉死去的枝丫，保持木瓜树和柿子树中间部位的通风 →修剪小果树 →榛树种植 5 年后，每年都要修剪掉它的老枝干

树篱墙

实用性和趣味性的结合

一个花园，即使是很小的花园，也需要一个树篱来“堵住”馋嘴的人，抵御大风或遮挡不雅的景色。与其砌一堵光滑而又单调的围墙，不如种植一些果树形成树篱，这样看上去至少会原生态一些，并且果树还可以吸引一些鸟儿、蝴蝶、刺猬和大量对花园有利的益虫。果树的树叶是菜园和花园很好的庇荫屏障，果树枝还可以作为经济又好用的支撑柱。果树繁盛的花朵形成了美不胜收的背景装饰。既具有装饰性又具有实用性的果实可以让一家人都品尝到各种各样新奇的味道：涩涩的、香甜的、微酸的、苦的……在树下直接享用或放进冰箱冷冻着吃，做成果酱或者果浆，无论哪一种吃法，都充满着原汁原味的享受。

自然，灵感的来源！

这种树篱和农家风景以及城市风光都可以很好地融合。用一些简单地灌木组成树篱并不用太费心，也不需要特别的修剪去促进其结果，树篱种下后并不需要很精心的照料。建议种植一个十几米长的树篱，将不同品种的果树交替种植，有时要种植一些有刺的灌木，但是它会很强势地扩宽伸长。同时也要将不同形态的果树交替种植：向上生长的、丛生的或攀缘类灌木。在大花园中甚至还可以种上一些大型的果树。但是仍然需要注意这些果树的形态和树叶颜色的搭配，使其看起来达到最自然的效果。

材料清单

:: 细绳
:: 铲子、叉铲、耙子
:: 水桶、粪肥
:: 洒水壶或水管
:: 手推车
:: 买的或自家的有机肥(粪肥或熟化肥)
:: 天然稻草(稻草、茅草、树皮果皮)

植物清单

果树

① 1 棵紫叶接骨木
② 1 棵雄性茱萸
③ 1 棵加拿大唐棣树
④ 3 棵黑果腺肋花楸
⑤ 2 棵沙棘
⑥ 1 棵绛紫色榛子树
⑦ 1 棵结果的大榛树
⑧ 1 棵玫瑰果
⑨ 1 棵黑刺李
⑩ 1 棵普通的枇杷树
⑪ 1 棵带刺的黑莓

多年生植物

⑫ 3 盆色彩斑斓的长春花
⑬ 6 盆秋紫苑
⑭ 3 盆多年生天竺葵

开始种植前

位置的选择：树篱每天至少需要 6 个小时的光照来确保其正常开花、结果，以让其在秋天呈现出绚丽的色彩。如果在种植果树时恰当的限制了范围，比如要灌木生长超过 2 米高，那么果树就要在离界限 2 米处种下。如果是小花园，希望树篱范围可以稍微小一些，那么果树离界限至少要有 50 厘米远。还可以和邻居商量，将树篱分开呈交错形种植，或者形成不同的界限！形态交错形树篱比直线形的更加自然。在种植秩序上，最矮的灌木种在最前面，就像在花坛中一样。

将不同的品种混合种植：圆形轮廓的和尖形的，绿叶的或紫色树叶的，树干容易弯曲的黑莓种植在其他果树中间等等。将树篱合理地连接搭配，并给它足够的生长空间，这样看起来才会生机勃勃。

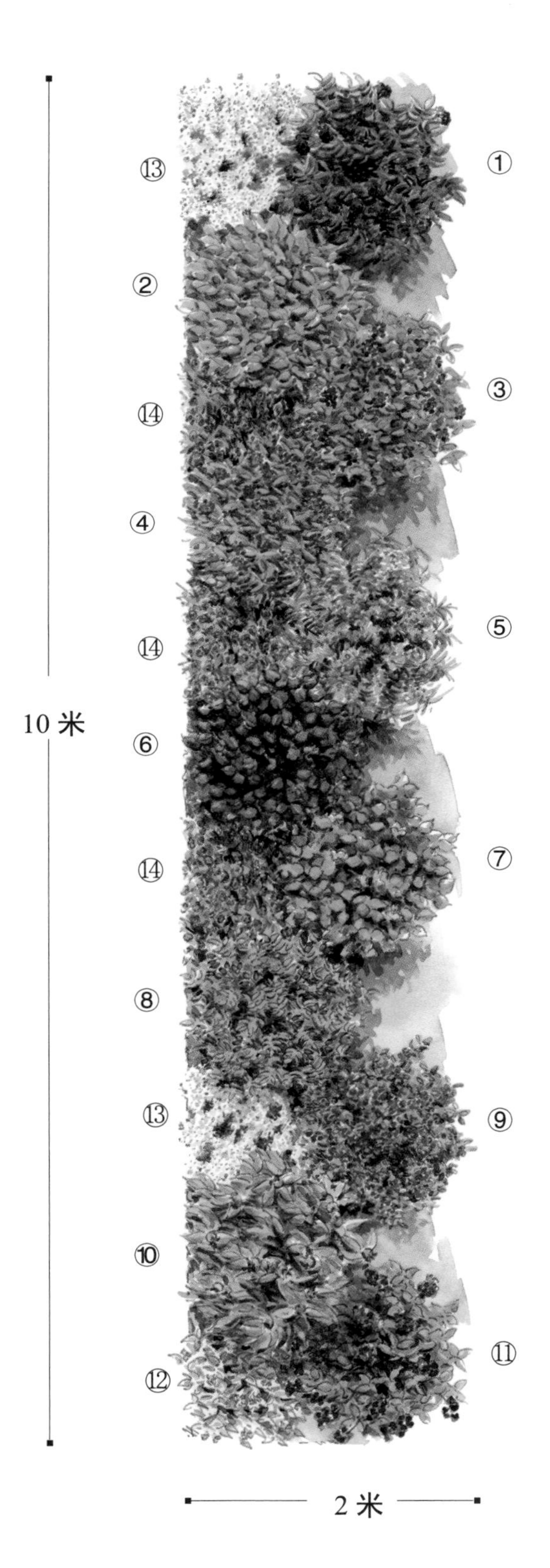

⑬
①
②
③
⑭
④
⑤
⑭
10 米
⑥
⑭
⑦
⑧
⑬
⑨
⑩
⑪
⑫
2 米

树篱的主要品种

野草莓树、沙棘、唐棣树、黑加仑、木瓜树、雄性茱萸、大蔷薇、覆盆子、刺柏、醋栗、欧洲甜樱桃、欧洲越橘、枇杷树、榛树、李子树、梨树以及野苹果树、黑刺李树、黑莓、接骨木(见图片)和葡萄藤。

雄性茱萸

落叶型灌木，垂直形态，树叶呈深绿色。存活时间非常长（可以存活 100 年以上）。茱萸一边生长一边抽出嫩芽。树高最多 4 米。树干直径为 2 米。

要求：随处都可种植，即使在贫瘠和干燥的土壤中。无需经常修剪。

花期：伞形的小花呈亮黄色，在 2、3 月份产生花蜜。

结果：结果较多，形状类似橄榄，果实先为橘色然后为深红色，8 月份成熟，富含维生素 C。在 8 月份或 9 月份采摘。

食用方法：冷冻保存或做成果酱。

接骨木

落叶型丛生灌木，树枝呈弧形，生长很快。树高为 5 米。

要求：肥沃、潮湿的新土。光照充足或半面光照。

花期：芳香扑鼻的大花朵如伞形，呈白色，在 6 月盛开。

结果：结果较多，一串串的果子扁扁的，呈亮红黑色，多汁甘甜。8、9 月份采摘，支撑垂下的果枝。

食用方法：果实榨成果汁，做成果酒、果浆或冷冻保存。

加拿大唐棣树

落叶型垂直灌木，秋季树叶呈橘红色，分外美丽。树高为 3~5 米，树干直径为 3 米。
要求：对土壤和光照无特殊要求，能很好地抵御严寒和干旱。
花期：开花繁盛，花朵小巧玲珑，4~5 月份盛开。
结果：密密的小果串呈蓝黑色，果实多汁、甘甜、果胶丰富。7、8 月份采摘。
食用方法：直接食用，也可做成果酱，冷冻或烘干食用（味道有点像榛子）。

黑果腺肋花楸

小的丛生落叶型灌木，树叶呈深绿色，秋天的树叶呈红色。高度和树干直径均为 1.5~2 米。
要求：对土壤无特别要求，但是要通风性好。光照充足或半面光照。
花期：开花繁盛，呈白色，5 月份花朵产花蜜。
结果：结果较多，呈红色，夏末成熟时为黑色。果实特别甘甜，富含维生素 C。
食用方法：做成果酱、果馅饼、果浆或果汁。

黑刺李

也称作黑刺，小型的丛生灌木，刺较长。落叶型，树叶呈深绿色，边缘为锯齿状。树的高度为 3~4 米。
要求：土壤肥沃、排水性好。光照充足，耐旱。
花期：在 3、4 月份茂盛的盛开，小花朵呈纯白色。
结果：果实呈蓝黑色，果肉厚实，果核凹凸不平，很受鸟儿的欢迎。霜降后采摘。
食用方法：做成果酱、果泥、烧酒或果子酒。

沙棘

沙棘是雌雄异株植物(雌花与雄花分别生长在不同的株体上)。这种灌木分枝很多,刺也很多,属落叶型灌木,树叶呈银色。高度为3米。树干直径为1.5米。

要求:无特殊要求,即使沙棘偏好酸性土壤,土壤中也只需含有少量石灰质即可。光照要充足。

花期:4月份开花,呈米白色。

结果:结果不多,沿着枝丫分布,小果子呈橘红色,很受鸟类的喜爱。9~10月份成熟。富含维生素A。

食用方法:直接食用,做成果汁、果酱、糖浆、冷冻着吃、或做为肉片的调料。

VALEURS SÛRES

榛树

"大薄壳":果实椭圆形,果壳红褐色,果仁饱满光洁、味香。

榛树

榛树很快就能长成弧形的灌木丛,枝叶茂密,即使在冬季,其黄白色的花序也是一道风景线。这种树可以存活50多年。如果要结果较多,就需进行交叉传粉。高度为3米。树干直径为2米。

参见第28页。

玫瑰果

玫瑰果灌木丛多刺,弧形的枝干很长,在天然树篱中是很常见的一种树。香气扑鼻的蔷薇花和秋季的累累果实都是诱人的风景线。它可以嫁接到很多蔷薇科植物上去。高度为3米。

要求:光照充足,土壤肥沃。

花期:春季开花,玫瑰色的花朵由5个花瓣组成,花蕊很大。

结果：果实呈橙红色，富含丰富的维生素 C。第一个霜降期后，果肉就会变软，和果皮融合到一起，这时候就可以采收了。果子也很招鸟儿的喜爱。

食用方法：做成果酱（花朵和果实都可以）、糖浆（花朵），或做成茶药（果子）。

带刺黑莓

这种黑莓与野生黑莓的特点类似，可以在相邻的灌木之间冒出来一串串白色的花序，然后结出红色的果子，夏末时变为黑色。当果实一个个掉落的时候，就表示果子已经成熟。

要求：光照充足。普通土壤，不要含有太多的石灰质。

结果：一般生长了两年的树枝才会结果。果实呈黑色，香甜可口，有时候会有一点点酸。7~9 月份采摘。

食用方法：直接食用，也可做成果馅饼、果汁、果冰或果浆。

枇杷树

落叶型小果树，春季开花，果实具有装饰性，树叶闪闪发光，树形弯弯曲曲的。高度为 3~4 米。

不要和日本枇杷树（*Eriobotrya japonica*）混合种植。枇杷树需要一定的温度来结果，果实像杏子一样。

要求：土壤排水性好，全光照或半面光照。

花期：5、6 月份一朵朵白色大花朵单独盛开。

结果：果实很大，呈琥珀色。质感坚硬，有点点涩，第一次霜冻期后开始变软，呈棕色，味道甜美。

食用方法：煮着吃，做成果酱或果浆。

实施步骤

秋季是种植树篱的最佳时期。准备好种植地方，马上去购买没有须根的灌木吧。细心地为种植地除草、松土以确保种植的灌木能很好地生长,特别是那些小树苗。

1 在土壤上铺盖一层塑料薄膜,然后将树苗种植在薄膜上,这样可以保持土壤的温度、湿度,防止野草疯长。尽管塑料不符合生态、天然树篱的理念,但由于它可促进空气和水分的循环,从而有利于土壤的改良和微生物群的生存,所以塑料薄膜是必要的。

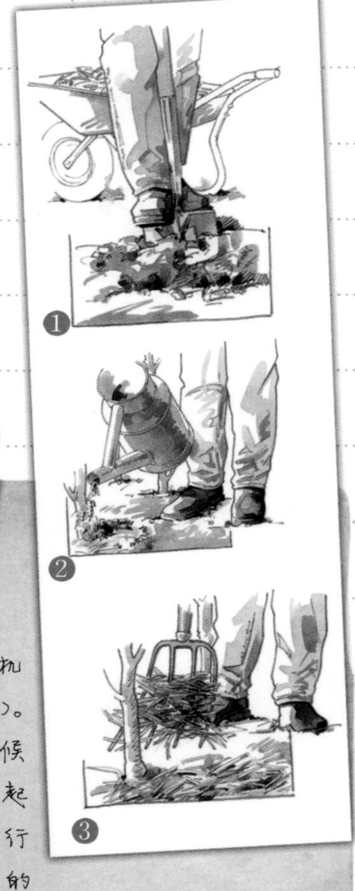

梅花形交错种植树篱

雨季和霜冻期就不要去打理种植土壤了。

①挖一个宽2米、长10米的种植坑,在泥土里混上有机肥(每4平方米掺入两推车的量,然后用耙子耙平)。

②选择没有须根的灌木,在11月份树叶都掉落的时候种植。也可以培植一些砧木,他们很快便能生长起来,高度甚至超过大的果树。对新种植的灌木进行富根。给要求排水性好的灌木培土。规划好灌木的种植距离,不同的砧木之间至少要相距8厘米。给每个砧木预留一个小水槽。种植的时候即使下雨,也要细心地浇水。

③如果在种植时没有用可降解的稀草覆盖土壤,那么种植后可以用10厘米厚的稻草来覆盖周围的土壤。接下来也不用对灌木进行修剪,一年之后再修剪。

但要选择那些可降解、可成“堆肥”的薄膜。随着时间的推移，这种薄膜可以被土壤中的微生物降解。在薄膜上再覆盖一层茅草或松树皮。如果树篱范围不够大，地方有限，就不用将树篱种植成交错形的了。

2 在种植后的第一个春天和夏天细心地为灌木浇水。初春时，在距离11月份种植的灌木至少50厘米远的地方将那些生命力比较旺盛的灌木栽下。如有必要，用稻草进行覆盖。在种植后的第二个秋天，将幼苗的顶尖去掉，同时对灌木中间部分进行疏枝。

3 接下来的一年，通过对树篱宽度和高度上的修剪，使它能够接近你的规划。通常将朝向灌木丛外且长在灌木丛顶部的嫩枝剪掉。去掉那些老枝丫、损坏的枝丫以及枯死的枝丫。一把整枝剪和一把小小的锯子就足够修剪出完美的树篱了。

4 当树篱长得很好的时候，栽种可以在夏季或秋季开小花的铁线莲2~3株，这样可以为树篱的装饰效果锦上添花。不要种植那些有毒的红棕色的忍冬，这样对小孩子会很危险。其他有毒的植物：卫矛、红豆杉、常青藤、矮接骨木。

养护要点

春 季	→在灌木周围除草 →在幼苗周围覆盖上厚厚的稻草 →每棵树都要浇灌厚厚的熟化肥
夏 季	→前两年细心地为每棵树浇水，特别是干旱的夏季
秋 季	→树篱长势喜人且最漂亮的时候，什么也不用做
冬 季	→去掉枯死的树枝和矮小的灌木 →控制榛树嫩芽和黑莓细枝的生长，否则夏季这些嫩枝会提前结果

新奇果园

这种果园每年都在不断地更新：一年接一年的景象、收成都不一样。它能长出新奇、古怪的果实，从而充分满足新奇果园的奇特性。为了增强惊奇的效果，让朋友们、小孩子们都啧啧赞叹，可以在果园中间开出几条小径。那些最经典的果树通过自身的色彩、形态和果实的味道使嫁接到上面的普通树种呈现出与众不同的感觉。我们可以种植酒红色的桃树、黄色的覆盆子、白色的草莓或尝起来像凤梨味的草莓、果皮光滑的猕猴桃或果肉呈黄色的猕猴桃、没有刺的黑莓，以及覆盆子、桑葚、醋栗和黑加仑的杂交……如此多被人遗忘的或不知名的果子重新出现在人们的视线里，如同一些蔬菜一样。这些水果在普通市场上是很难找到的。

探寻新奇水果

杏李、沙梨都是很少出现在生鲜市场上的水果，这两种水果经常因为过早地采摘而损失风味。这样过早采摘会带来不好的影响，因为这个时候果实还没有完全成熟，没什么味道。而在你的花园中，可以等到时机成熟了再去采摘果子，这样便可以尝到它们最美的味道，香甜可口。要注意的是，这些果实带来的惊喜有时候也伴随着负面影响，所以在选择果树前，要事先对它的口感和抗病虫害的能力有所考察才行。另外可以用一些不同寻常的花和不常见的蔬菜更好地修饰一下你的果园。

材料清单

:: 细绳
:: 铲子、叉铲、耙子
:: 水桶、粪肥
:: 洒水壶或水管
:: 买来的或家产的有机肥（粪肥或熟化肥）
:: 碎牛角肥
:: 木质藤架或金属圆拱
:: 8个直径为5厘米的木桩（或金属桩）
:: 50厘米的细铁丝
:: 亚麻布

植物清单

杂交品种
① 1棵杏李
② 1棵黑加仑与醋栗的杂交果树
③ 1棵泰莓

新奇品种
④ 1棵蟠桃或水蜜桃树
⑤ 1棵沙梨树
⑥ 1棵日本李树

不同寻常的小型果树
⑦ 25棵白色草莓
⑧ 42棵红色香甜草莓
⑨ 10棵黄色覆盆子

茂盛的攀缘藤
⑩ 1棵无刺黑莓
⑪ 1棵猕猴桃

多年生植物
⑫ 3盆紫地榆
⑬ 3盆唐松草
⑭ 3盆黄色耧斗菜
⑮ 2盆银蒿
⑯ 4盆“六巨山”荆芥

一年生蔬菜
⑰ 6棵红色的樱桃番茄
⑱ 6棵黄色的樱桃番茄
⑲ 6棵秘鲁酸浆

开始种植前

场地 将果树、鲜花和蔬菜混合种植，小花园很适合这样的“混搭”。在更大的地方，混植区可以是用栅栏隔出来的一小块角落（用铁丝将这种用尖尖的栗树木桩组成的栅栏连接起来），这样可以形成一个迷你型的果园，这片小角落也要求是光照充足，不要离大树太近的。我们可以由拱门进去，果树在右边，小果树和蔬菜在左边。

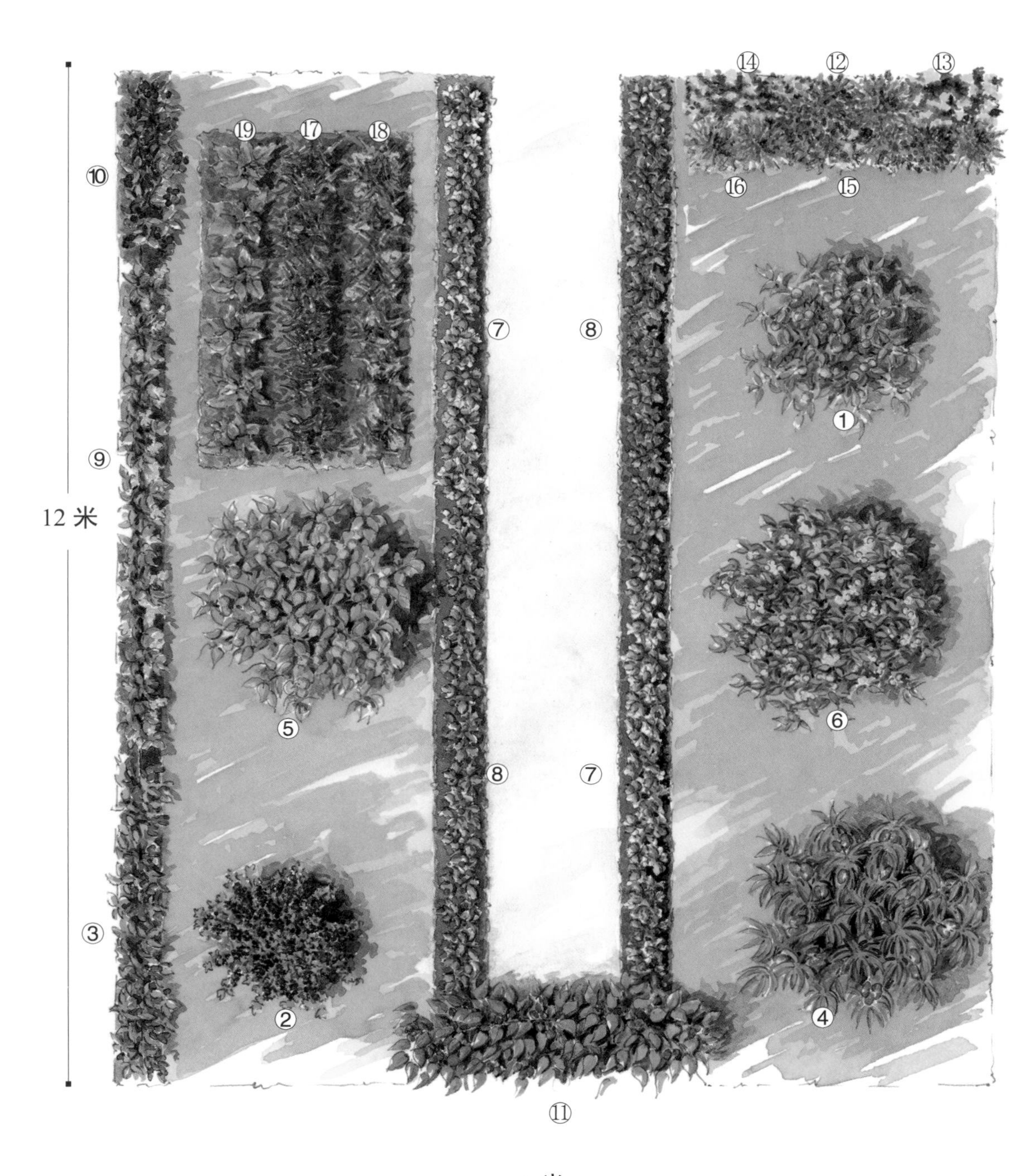
⑭
⑫
⑬
⑲
⑰
⑱
⑩
⑯
⑮
⑦
⑧
①
⑨
12 米
⑤
⑥
⑧
⑦
③
②
④
⑪
7 米

西伯利亚猕猴桃

生长于亚洲和西伯利亚的落叶型藤本植物，适应性强并且具有很好的装饰作用。每 4~5 棵雌性的树至少需要一棵雄性的树，能自花受孕的品种除外。西伯利亚猕猴桃产量很高，每棵树每年可以产 40 千克果实。树高大约 6 米。

要求：能抵抗-20℃的严寒，夏季土壤要保持通风。

花期：春季开花，白色，弥漫着芳香。

结果：夏末时结果，小小的果实呈青色或绛紫色，味甜，比普通猕猴桃富含更多的维生素 C。

食用方法：直接食用，且无需去皮。

VALEURS SÛRES

桃树

“夏明”：果肉呈白色，口感好，脆甜多汁，6 月中旬成熟。

“红沙瓤桃”：产量高，适应性强，果色艳丽，口感好，含糖量高，7 月底至 8 月上旬成熟。

新奇桃树

这种桃树果实的果皮为光滑的或毛茸茸的，果肉呈白色、藏红色或红葡萄酒色，圆圆的或扁平的形状。这种果树生长很快，能自花受孕。树高为 3~4 米。

要求：土壤排水性好、没有过多的石灰质，种植地方气候温暖，阳光充足，能避开春季的霜冻期。

花期：早熟，一般是初春开花。繁盛的玫红色花朵沿着树枝均匀地绽放。

结果：根据品种的不同，结果期为 7~9 月份。果实多汁、松软、新鲜，富含维生素 C 和维生素 A。当用手指轻压水果感觉软了的时候，就可以采摘了。

食用方法：直接食用，也可做成水果冰淇淋、水果糕点或果酱。

杏李

这种果树是由李树和加利福尼亚杏树杂交形成的品种，有将近 20 年的种植历史，生命力特别旺盛，高产。成年后树高 3~4 米。

要求：土壤肥沃、深厚，光照充足。

花期：在春季开花较早（3 月份），害怕春季的霜冻期

结果：初夏结果，果实很大，像桃子一般，味道接近杏子但又如李子一样多汁。

食用方法：直接食用，也可做成果浆、果糕、果馅饼或果酱。

杏李

“风味玫瑰”：果实扁圆形，成熟后果皮呈紫黑色，果肉鲜红色，多汁，味甜，品质佳，5~6 月份成熟。

日本李

日本李经常为杏李授粉，果实很大，呈黄色，多汁。

要求：一定要光照充足！土壤含水量适当。

花期：春季盛开着白色的小花朵。

结果：在夏秋交接的时候结果。果实大致呈球形，果皮无毛，覆盖有一层白粉，还有一层薄薄的蜡黄色保护层。

食用方法：直接食用或干吃，做成果酱、慕丝、果浆、罐头或果汁等。

日本李

“日本李王”：果实近圆形，果皮为浓红色，果肉为橘黄色，味香，甜美多汁，6 月中旬成熟。

新奇草莓

这种草莓的果实大小、颜色，特别是与众不同的味道经常会给人带来很多惊喜。此外，这种草莓还很具装饰价值，是灌木底部和菜园周边很好的装饰植物。

要求：光照充足，富含腐殖质、呈中性或偏酸性的黏土。

花期：定期开花的品种在4~6月份绽放着小白花，四季开花的品种在4月份霜冻期开花，花朵呈玫红色。

结果：春末结果。一棵可以结出250克草莓。四季开花的品种在初秋可以进行第二次采收。

食用方法：直接食用，也可做成果糕、果冰、果汁或果酱。

VALEURS SÛRES

沙梨

“雪梨”：果实为圆形或椭圆形，果皮呈黄白色，果肉乳白色，香脆爽口，甜美多汁。

沙梨

亚洲品种的梨子，为向上生长的灌木形态。果实让人感觉既像苹果又像梨子。树高为5米（在原产国可达到10米）。

要求：土壤排水性好、肥沃、不含石灰质。能避开寒风的地方，但又需要经历寒冬以便来年能结出更多的果实，这种树能抵御-15℃的严寒。

花期：3月末开花

结果：像苹果一样圆形的果子，如梨子一样多汁。根据品种的不同，7~9月份采摘，也就是当果子将要自然掉落但还没离开花柄的时候。

食用方法：直接食用，在地窖或冰箱里可储存很长时间。

泰莓

这个品种是由黑莓和覆盆子杂交而成的蔓生型带刺灌木，高产且生命力旺盛。树高为 2 米。

要求：光照充足，土层深厚，夏季要通风，山地地区应避开结冰的地方。

结果：长长的果实很大（野生黑莓和覆盆子的杂交水果），深紫色，散发着 淡淡的清香，7 月中旬成熟。

食用方法：直接食用，也可做成果汁、果糕或果冰。

无刺黑莓

无刺黑莓常生长在不带刺的短枝上。高度为 4 ~ 5 米。如果花园很大，可以考虑种植一些该品种，因为这是一种高大而漂亮的装饰性果树，果肉柔软香甜，十分受人欢迎。

参见第 41 页。

黑加仑和醋栗的杂交品种“Casseillier”

这种品种完全没有刺，特别的茂盛多产：一棵每年可产 7 千克的果子。

参见第 28 页。

覆盆子

四季开花的“哈瑞太兹”:生命力顽强,8 月末到霜降都是成熟期。

新奇的覆盆子

这种覆盆子的果实不再是红色的了！有一些金黄色的品种会让你感到很惊讶！在温暖的季节它将成为果园里浓密而抢眼的背景屏幕。

要求:光照充足,土壤肥沃,含水分适当,排水性好,不含过多的石灰质。

结果:定期开花的品种在初夏时采摘,四季开花的品种在每年新发出的枝丫上结果丰硕,采摘时间从夏季到秋季。当果实能很好地分离时就可以采摘了。

食用方法:直接食用,也可做成果冰、果汁、果馅饼、果酱。

酸浆

种植在菜园的外围，每年收获一次，就如西红柿一般（与西红柿是相同的家族：同属于茄科），但比西红柿高。

要求:光照充足,新鲜、肥沃、疏松的土壤。对严重的霜冻天气较敏感。

结果:在封闭的花萼和米黄色的楔形薄膜里面,你可以找到小小的、圆圆的果子,呈橘黄色,味道酸酸的,会让你想起醋栗、猕猴桃和凤梨。

食用方法:直接食用或做成果酱。

实施步骤

最基本的是，用小石板或松树皮将中间的过道铺出来。

1 初秋时准备土壤：

→在覆盆子和黑莓将要种植的地方：挖一个长 3.5 米、宽 1 米的坑种植覆盆子；每棵黑莓挖两个方形的 1 米长、1 米宽的种植坑。

→将来的小菜园：准备一块 4 米长、2 米宽的土地，不必松土，冬季的霜冻会将土壤冻到一起去。

草莓种植区：在区域内挖出两个 6 米长、1 米宽的种植坑，其余地方可用作过道。

→多年生植物种植区：两个 3 米长、1 米宽的种植坑。用铲子松土，除去疯长的野草。然后施有机肥。

2 为这 4 棵果树提前准备好种植坑。（参见第 10 页）。

3 为西伯利亚猕猴桃做好支撑架，同时绑缚好黑莓和覆盆子（详见第 31 页）。

4 种植草莓（参照以下内容）、黑莓和覆盆子（参见第 31 页），以及多年生植物。

种植草莓

草莓的种植宜在秋季进行，因为如果种植较晚，春季的收成就会很少，四季开花的品种除外。将其根部稍加修剪后对草莓树进行窝根。

❶在已经松过土的地上用铲子挖一个大坑，将培土或放置了树根的小培土安放到坑内。草莓的根颈或培土的高度应该与地面齐平，这样埋土的时候就比较方便。将填土拌上熟化肥再填到坑里去。

❷用手压实土壤，在根部周围预留一个浇水坑，在水坑里灌满水，这样的话泥土和树根就能很好地融合。

❶

❷

修剪桃树

这个品种是在当年新发出的枝丫上结果的，这种新枝很容易辨认，它比老枝丫的颜色更红一些。在开花前进行修剪，以便辨认出长有花蕾将要开花的嫩枝。

当嫩芽长得很大将要绽开的时候，花蕾的颜色就变成了玫红色，这个时候就可以开始修剪了。如果有必要，修剪时可将长得很高的树枝去掉，对树的中间部位进行疏叶。将桃树主干上没有什么生命力的徒长枝和树枝去掉。辨认方法：

1. 新的小树梢只长花蕾，花蕾圆鼓鼓的很饱满，末端长有芽孢，5月份开出一簇簇的花朵。一个很小的树梢可以生长出一个被4~5个花蕾包围的芽孢，这种小树梢不要修剪掉。
2. 那些只生长芽孢的细枝，芽孢呈褐色，形如拳头，从第3个芽孢以上将其修剪掉。
3. 那些芽孢和花蕾混合着生长的细枝，从第6或第7组花团以上进行修剪，以便使枝丫结出更多的果实，长出更多的新枝。

①

②

③

5 11月份买回黑加仑和醋栗的杂交果树并种在指定的位置（初秋时，准备好种植坑，在种植前几天将种植坑里的土再翻一遍）。

贪吃的虫子

桃子很受一种身体为玫红色，头部为黑色的虫子的喜欢，它的果肉会成为这种虫子的盘中餐，这是蝴蝶的幼虫我们称作“东方卷叶蛾”。被虫子啃噬的果子要及时地摘除。来年，用天然杀虫剂除虫菊来预防卷叶蛾的生长，在果实成熟前2周完成。每隔一年进行2次杀虫。

6 等到春季再种植西伯利亚猕猴桃、樱桃番茄和酸浆。当土壤回暖的时候用稻草和亚麻布对其进行覆盖，这样将来结出的果子就会比较干净。

养护要点

季节	养护要点
春季	→在春季或秋季细心地为新栽的树苗浇水 →修剪桃树 →沙梨树疏枝疏叶 →用稻草覆盖黑莓和覆盆子 →每隔2~3年修剪草莓茎干，使整个草莓树重新焕发活力 →将覆盆子向外生长的枝条去掉 →除掉那些疯长的野草，种上一些一年生的植物（大波斯菊、黑种草、百日草）来填满空地
夏季	→对桃树和李子树进行疏果 →绑缚固定黑莓树的新枝 →修剪覆盆子已经结过果的枝丫
秋季	→在桃树树叶掉落后及时治疗缩叶病
冬季	→检查受支撑的果树连接点是否稳固 →修剪沙梨树的老枝 →修剪黑莓、覆盆子（31页）、黑加仑和醋栗的杂交树以及西伯利亚猕猴桃

生态防治桃树缩叶病的方法

100% 实景拍摄

苦艾和艾菊可以有效地预防桃树的真菌病和缩叶病。将这些能散发出浓郁气味的草种植在桃树根部周围。已经得了缩叶病的桃树怎么办呢？这就要用黏土来治理了。事先准备好100克黏土和5克水，将其混合，然后将每一片得了缩叶病的树叶用黏土浸湿包裹，在15天内进行两次即可，这样那些患了缩叶病的树叶就会自动的掉落，然后健康的树叶就能很好地生长。

向阳果园

高产

得益于温和的气候，部分位于沿海的果园可以无拘无束地种植一些畏寒品种，甚至可以种植一些异域风情的果树。这些果树通常开花较早，如杏树、巴旦杏树和桃树……延期的霜冻天气会使他们的果实荡然无存，无花果树可以正常结果直到第二次收获期的完成。石榴树不仅仅是很好的装饰性风景线，而且结果也很可观。种植在这里的柑橘真正成为了小型果树，果实富含维生素，结果期直到每年的寒冬才结束……高温和强烈的光照使果树开花数量数十倍的增长，结出的果实更加美味，颜色更抢眼，香味更浓烈。真正伊甸园般的果园在完工 3~4 年后便能看到上述情景，唯一的条件是在种植后的前 2~3 年要认真地浇灌幼苗，使其保持活力。水资源是十分珍贵而有限的，要合理节约地使用，所以应多种植那些以维护成本低而闻名的树。此外，用稻草覆盖树苗根部周围也是必要的，这样可以防止水分的蒸发，避免因暴雨导致的泥土板结。

品种多样性

如果说柑橘、无花果、葡萄和橄榄是南方果园中的经典品种，那么在这里则会发掘许多新颖独特的味道，好好利用这种温暖的气候来种植一些新奇的品种，比如：西番莲、野无花果、杨梅、日本欧楂树、枣树、长豆角、费约果、番石榴……

材料清单

:: 铲子、叉铲、耙子
:: 水桶、浇水壶、洒水管
:: 茎杆型树的支撑柱
:: 至少由 6 根支柱搭成的木棚架或金属棚架
:: 两个木质的格子架
:: 粗砂和圆形砾石
:: 如果是裸根则准备一些土粪
:: 有机肥（买回的或家里的熟化肥）
:: 碎牛角肥
:: 矿物覆盖物（碎砾石、培土）

植物清单

果树

① 1 棵已成形的巴旦杏树
② 1 棵杨梅树
③ 1 个四季常青的柠檬砧木（4~5 个主枝）
④ 1 棵橘子树
⑤ 1 棵中高杆型无花果树
⑥ 1 盆野无花果树
⑦ 1 棵石榴树
⑧ 1 棵橄榄树
⑨ 1 棵葡萄树

开花繁盛的树

⑩ 1 盆药用茉莉花
⑪ 1 盆马缨丹
⑫ 1 棵白花草

蔓生藤

⑬ 1 棵西番莲

开始种植前

这种果园中的果树都是完全暴露在阳光下的，这样果实会更有滋有味。不要将它们种植在风大的地方，因为这样会加剧夏季的干燥从而损坏树叶和花朵。用木栅栏来阻挡一下“穿堂风”，或者用欧石楠树篱、竹子林等形成的天然帘子。

事先规划好将果树沿着房屋种植，这样在美好的季节就可以享受葡萄架和其他长大了的果树形成的天然绿阴，在下面野餐或是懒洋洋的躺着……认真准备好种植土壤以促进果苗的生长和活力的激发。

15 米
10 米
①
②
③
④
⑤
⑥
⑦
⑧
⑨
⑩
⑪
⑫
⑬

巴旦杏树

在我国新疆等地可以种植，可挑选能自花受孕的品种或在果园中栽种两个砧木。

要求：轻质土，排水性好，土壤含石灰质甚至贫瘠的土壤都行。光照充足，能躲避寒风。

花期：场面盛大而壮观，花朵呈白色或玫红色，容易受2月份或3月份的霜冻期的影响。

结果：两个收获期：夏季，果子呈树青色，巴旦杏尝起来很新鲜，等到秋天的时候，果子呈亮褐色，巴旦杏就成了干干的果子。一棵成年的巴旦杏树每年可产果12千克。

食用方法：直接食用或晒干后食用，做成果酱、杏仁奶油饼或杏仁夹心糖。

杨梅树

树高和直径均为3米。深红色的果子是亮丽的装饰元素，叶子四季常青，硬硬的并且为锯齿状。

要求：土层深厚，排水性好，可含石灰质。全光照或半面光照。

花期：春季和秋季时花朵为铃铛状，呈白色。

结果：秋季，果实为火红色，圆圆的，很像普通的草莓，这也是其名字的由来，味道微酸。

食用方法：直接食用或做成果酱、果汁。

柠檬树

适宜冬季较温暖，夏季不酷热，气温较平稳的地区。

要求：土壤排水性好，光照充足或半面光照。当砧木还没长大的时候，全年都要认真浇灌。

花期：一年 2~3 次，春季和秋季。一簇簇的花朵呈白色，散发着沁人心脾的芳香。

结果：果皮光滑、紧致，成熟的时候呈黄色。成年的砧木可以终年结果。

食用方法：直接食用，也可做成果汁、果冰、果片或果糕。

柠檬树

“尤力克”：适应性广，较丰产，果实多汁。“里斯本”：果肉汁多味酸，香气浓。“维拉弗兰卡”：果色浅黄，果肉柔软多汁，味酸，香气浓。

葡萄

在温暖的环境下，葡萄藤的长势更加喜人，夏季一串串颜色鲜亮的葡萄都要将葡萄架给压弯了。

要求：土壤排水性好，甚至贫瘠的土壤都可以。光照充足，能躲避寒风的地方。

结果：7~9 月份。

食用方法：直接食用，或做成葡萄汁。

葡萄

“美乐”：果粒小，近圆形，紫黑色，果皮较厚，多汁，9 月中下旬成熟。“瑰宝”：果粒中等大小，果皮紫红色，果肉脆，味甜，具有浓郁的玫瑰香味，9 月下旬成熟。“白玉霓”：果实呈黄绿色，果皮薄，肉质软，多汁，味酸甜。

无花果

一年开花两次的品种："绿抗1号"：果实较大，果皮浅绿色，果味浓甜。"玛斯义诽辗"：抗病力强，果实个较大，味甜。一年开花一次的品种："蓬莱柿"：丰产，较抗寒，果皮呈紫红色，味甜，易开裂。

石榴

"突尼斯二号软籽石榴"：适应范围广，抗病，抗旱。果实个大，果核全软可食，成熟早，外观诱人，酸甜可口。

无花果

无花果树不仅结果多，而且凭借着那锯齿状的深绿色树叶成为了一道亮丽的风景线。在温和的气候环境下，可以长到8~10米高，每年可产100千克的果实！

要求：轻质土，土层深厚，具有保温效果。光照充足，能避开寒风的地方。

结果：一年开两次花的品种每年可结果两次（第一次在夏季；第二次在秋季9月份，果实较春季的小而甜），一年开花一次的品种每年结果一次，在夏末的时候采摘。

食用方法：直接食用，也可晒干后食用或做成果酱。

石榴

移植到温暖地区后，这种亚洲落叶型灌木在秋季的时候呈现出亮丽的金黄色，可以存活200年！树高为4~5米。树干直径为2米。

要求：适宜排水良好的土壤（此品种耐旱）。

花期：花朵为橘红色或深红色，春末开花。

结果：秋季结果，大大的石榴圆圆的，每个有100~800克重，果皮相当的厚实，成熟的时候果子呈橘黄色，众多一颗颗多汁香甜的果粒围绕着中间的果瓤。

食用方法：直接食用，也可做成果汁或果浆。

橄榄

橄榄参差不齐的墨绿色树叶四季常青，能适应气候的变化。橄榄树可存活 1000 年！

要求：土层深厚，排水性好，光照充足。

花期：春季，小小的白色花朵绽放在叶腋之下。

结果：从 11 月份到次年 2 月份，每个成年的砧木（30~35 年）上可产橄榄 40 千克。黑橄榄在果实呈绿色时，需稍晚于收获季节再采摘。

食用方法：开胃的食品，可以放到沙拉里或做成橄榄油。

西番莲

这是一种半木质的藤本植物，对热量要求很高，西番莲的果子美味可口。亮绿色的树叶四季常青。树高可以达到 10 米，直径 3~4 米。

要求：土壤肥沃深厚，轻质土。光照、热量充足，能避开季风的地方。

花期：花瓣呈白色，花朵中间淡紫色的花丝芳香扑鼻，在夏季绽放。

结果：肉质肥厚的果实在成熟的时候呈紫色或黄色，胶状的果瓤里有很多一粒粒的深色果肉。

食用方法：直接食用，也可做成果汁或冰糕。

柑橘

"象山红":果实扁球形,橘红色,肉质柔软多汁,味香,11 月中旬成熟。"岩溪晚芦":抗寒,丰产,晚熟,果实扁圆,果味香甜,品质佳。1 月下旬至 2 月上旬成熟。

柑橘

这种原产于中国的柑橘有很多的品种。耐寒性较好,可耐受-7~-12℃的低温。

要求:轻质土,排水性好,光照充足或半光照。当砧木还小的时候,全年都要细心地浇灌。

花期:初春的时候白色花朵芳香扑鼻。

结果:根据品种不同,结果时间也有所区别。脐橙(很少的籽很容易剥开,11 月份开始成熟);红瓤柑橘(果肉红色,2 月份成熟)。

食用方法:直接食用,也可做成果汁或果酱。

实施步骤

向阳果园的全面操作最好是在秋季进行，这样新种植的灌木可以充分地利用春冬季节的雨水来快速地恢复生机，以度过接下来夏季的干旱和高温。

柑橘类果树的修剪

春季进行会比较的方便。

1. 去掉不再结果的老树枝、脆弱没生长好的树枝，以及那些生长在接穗周边只吸取树液，损害细枝却不发挥任何作用的徒长枝。
2. 将橘子树修剪成圆形，这样树的中间疏密就比较合理。在夏季树叶茂盛时再进行一次修剪，与初春的那次修剪相互补充，相辅相成。

1 用一个周末提前准备安置好蔓生灌木的架子：葡萄架、茉莉花架，然后还要安置两个三角形的木架。

2 提前准备好栽植坑，松土，确保深层土壤的空气流通。根据土壤性质，用适当的有机肥使土壤不结块，如果土壤太过紧实，可在熟化肥中掺入一些粗砂和小砾石。

3 栽下所有的果树。茉莉花的培土在水桶中浸湿后，对裸根的砧木进行窝根，然后栽种吸取。等到初春的时候再种植野无花果树、西番莲、马缨丹和白花草。在树干部分对整个砧木进行支撑，然后细心地浇水。

葡萄树结果处的修剪

葡萄藤刚开始种下去的时候很瘦小。第一年的时候不要去修剪它，让它的嫩枝生根。直到葡萄树长出分枝前再修剪，否则它会“流汁”：从修剪的地方开始不断地流出树液。

1. 主枝干上有着由长长的，位于最高处并且已结过果的嫩枝组成的结果母枝，以及替代了主枝的枝蔓。修剪掉这些结过果的枝蔓。将替代性的枝蔓修剪至剩下2个芽眼即可：上面的那个芽眼将会生长成结果枝蔓，下面那个芽眼将会生成替代性枝丫。
2. 有些葡萄藤直到第3个芽眼才开始有着很强的生长力，将这些藤蔓修剪到第3个芽眼即止，将第2个芽眼处的赘芽用指甲轻轻掐掉，这里将会生成不结果实的枝蔓。

4 整个冬季都要持续对新种植的果苗浇水，霜冻期除外，特别是在干旱的冬季要经常浇水。

5 春季，将剩下的果树种植下去（野无花果、马缨丹、白花草和西番莲）。拔除所有果树周围的草，然后覆盖上10厘米厚的褥草。每棵树旁挖一个灌水槽，野无花果除外。种植后不用经常浇水（通常2~3周一次）。为了让新栽种的果苗能生根且扎根更深，也为以后能控制浇水的频率，每次浇水都要细心。

节约用水

当果树慢慢长大的时候，就不要在树干周围浇水和施肥了，而是要沿着长有很多活跃侧根的根颈处进行。每周每个砧木浇水40克。橘子树不喜欢氯气，所以应把水放置几小时再浇灌以便让氯气随着空气消散。如果可以的话，收集屋顶的雨水（被污染的雨水就没必要收集了），每年每平方米可收集多达1000克的雨水，这样就可以满足果苗的灌溉需要了，如果覆盖稻草不起作用，那就要定期地锄地拔草。

仙人球

修剪橄榄树

修剪有利于促进橄榄树结出更多的果实，且有利于其形成紧凑而通风的树形。

1. 为了新长出的嫩枝，修剪掉长树枝的末端，对已结过果实的枝丫进行疏枝，以限制果树的无限扩展。
2. 将橄榄树中间比较密集的树枝去掉，这样有利于接收光照，防止病害的滋生。

不要扔掉修剪下来的葡萄枝

100%
实景拍摄

将修剪下来的葡萄枝晒干，到了夏天可以用作户外烧烤的柴火。扦插一些葡萄的嫩枝，先从第一个芽眼以上部位对其进行修剪，然后将其栽植到20厘米深的栽植坑中，用腐殖土和沙子的混合物将栽植坑填平，固定好嫩枝。细心地浇水，然后用枯树叶在周围覆盖一圈。再浇几次水后，嫩枝就开始生根，慢慢长大。

养护要点

春 季	→修剪柠檬树和橘子树 →在巴旦杏根部施腐熟肥 →浇灌石榴树 →3 月份和 6 月份给橘子树施肥 →防止病虫（煮沸的波尔多液和硫黄）
夏 季	→修剪橘子树 →绑缚茉莉花、白丹草和西番莲 →细心地浇灌巴旦杏、无花果树和西番莲 →减少对柠檬树的浇水次数，这样有利于其结果 →给葡萄串套袋
秋 季	→9 月份给橘子树施肥 →在橘子树根部施腐熟肥 →将橄榄树根部周围的草拔掉以防止苍蝇卵虫的滋生繁殖 →将石榴树修剪成比较漂亮的树形
冬 季	→2 月份修剪葡萄树 →冬末时修剪橄榄树

100%
实景拍摄

给葡萄串套袋

为了从贪吃的黄蜂和鸟儿嘴皮子底下将葡萄保护起来，在葡萄串成形时，可以用纸袋或无纺布将长势较好的葡萄串套起来。在葡萄成熟前的 1~2 周，将套袋拿除，这样有利于葡萄由生到熟的色彩转变。

责任编辑－唐　洁　胡　婷

书籍装帧－戴　旻

督　　印－刘春尧

图书在版编目
私家果园 /（法）罗伯特著；杨晓娇译.
— 武汉：湖北科学技术出版社，2013.10
ISBN 978-7-5352-6067-3
Ⅰ. ①私… Ⅱ. ①罗… ②杨… Ⅲ. ①果树园艺
Ⅳ. ①S66
中国版本图书馆 CIP 数据核字(2013)第 153636 号

出版发行：湖北科学技术出版社有限公司
www.hbstp.com.cn
地　　址：武汉市雄楚大街 268 号出版文化城 B 座 13~14 层
电　　话：(027) 87679468
邮　　编：430070
印　　刷：中华商务联合印刷（广东）有限公司
邮　　编：518111
版　　次：2013 年 10 月第 1 版
印　　次：2013 年 10 月第 1 次印刷
定　　价：29.80 元
本书如有印装质量问题可找承印厂更换